中等职业学校创新示范教材

园林美文
——花花诗界

田叔分　杨立新　编

中国林业出版社
China Forestry Publishing House

图书在版编目（CIP）数据

园林美文：花花诗界 / 田叔分，杨立新编 . --
北京：中国林业出版社，2019.10
中等职业学校创新示范教材
ISBN 978-7-5038-8223-4

Ⅰ.①园…　Ⅱ.①田…②杨…　Ⅲ.①园林艺术—中
等专业学校—教材　②散文—文学欣赏—中国—中等专业学
校—教材 Ⅳ.① TU986.1　② I207.6

中国版本图书馆 CIP 数据核字（2015）第 250182 号

园林美文——花花诗界

田叔分　杨立新　编

策划编辑：吴卉
责任编辑：田苗　曹漾文

出版　中国林业出版社（100009　北京市西城区德胜门内大街刘海胡同 7 号）
　　　　http://www.forestry.gov.cn/lycb.html　电话：（010）83143557　83143627
发行　新华书店
印刷　固安县京平诚乾印刷有限公司
版次　2019 年 10 月第 1 版
印次　2019 年 10 月第 1 次
开本　710mm×1000mm　1/16
印张　9.5
字数　140 千字
定价　48.00 元

前　言

　　在北京市园林学校示范校建设期间，教师围绕学校园林职业技能人才培养的总目标，即以培养"美"的园林专业优秀学生为核心，开展"寻找美""发现美""感受美""创造美"活动，让中专语文教学与学生的专业特色结合起来，创造性地推进园林学校的语文教学改革发展，在学生中间开展发现四季中"最美校园"活动，让学生与大自然对话，在校园花草树木中，找到最美诗词文化。编者系统整理了校园内观花植物的诗词，既是学生语文课、景区服务与管理专业校园讲解中诗词文化的补充，也是对文学赏析等第二课堂的补充。

　　本教材共分为"春之舞""夏之恋""秋冬韵"三个部分。"春之舞"部分主要赏析了春季开花的11种代表植物，即梅、桃、杏、兰、月季、石竹、栀子花、牡丹、杜鹃花、海棠、丁香的诗词文化。"夏之恋"部分主要赏析了夏季开花的10种代表植物，即石榴、合欢、郁金香、流苏、荷（莲）、茉莉、凌霄、凤仙、昙花和紫薇的诗词文化。"秋冬韵"部分主要赏析秋冬开花的10种植物，即桂花、秋海棠、木槿、夹竹桃、山茶、菊花、木芙蓉、玉簪、君子兰和蜡梅的诗词文化。

　　本教材既可以作为中专语文课程的补充，也可以作景区服务与管理专业学生的讲解教材，还可以作为公园景区讲解服务人员的辅助学习读本。

编者

2019年8月

目　录

春之舞
CHUN ZHI WU

"天街小雨润如酥，草色遥看近却无。最是一年春好处，绝胜烟柳满皇都。"随着气温的回升，青草露出若隐若现的小脑袋，预示着一年中最美的季节——春天离我们越来越近，满园的花花草草即将如约开放，清风拂面的意境让人沉醉其中。每天在园子里停留几个小时，听清风低语，闻花香阵阵，悟岁月人生，仿佛连空气中都弥漫着幸福的味道，春天那么美好。

苦寒梅香

梅花是蔷薇科李属的落叶乔木，与兰花、竹子、菊花一起被列为"四君子"，也与松树、竹子一起被称为"岁寒三友"。

梅花是一种高格逸韵的奇花木，花色有白、粉红、紫红等。她选择在万木萧瑟的暮冬早春日子里，凌霜斗雪，冲寒而开，送来梅香，这正是梅花的本色。她先天下而开花，是春的使者，春天的象征，长久以来便得到了人们的礼赞。

梅

宋·王安石

墙角数枝梅，凌寒独自开。

遥知不是雪，为有暗香来。

卜算子·咏梅

宋·陆游

驿外断桥边，寂寞开无主。

已是黄昏独自愁，更著风和雨。

无意苦争春，一任群芳妒。

零落成泥碾作尘，只有香如故。

梅花原产于中国，后来引种到韩国与日本，具有重要的观赏价值及药用价值。

梅花按花型花色可分为宫粉型、红梅型、照水梅型、玉碟型、朱砂型、大红型、绿萼型和洒金型等。其中宫粉最为普遍，品种最多，花粉红色，着花密而浓；玉碟型花紫白色，别有风韵；绿萼型花白色，香味极浓，尤以成都的'金钱绿萼'为好：

生查子·正月到盘洲

宋·洪适

正月到盘洲，解冻东风至。

便有浴鸥飞，时见潜鳞起。

高柳送青来，春在长林里。

绿萼一枝梅，端是花中瑞。

白梅给人以更美好的联想，她寒肌冻骨，如雪如霜，冰清玉洁，人们常常称赞她"冻白雪为伴，寒香风是媒"：

白梅

元·王冕

冰雪林中著此身，不同桃李混芳尘。

忽然一夜清香发，散作乾坤万里春。

梅花九首（其一）

元末明初·高启

琼姿只合在瑶台，谁向江南处处栽。

雪满山中高士卧，月明林下美人来。

寒依疏影萧萧竹，春掩残香漠漠苔。

自去何郎无好咏，东风愁寂几回开。

古人赞赏梅花，除了色、香以外更注重梅花枝条姿态的美和韵味。清代的龚自珍说"梅以曲为美"，这种垂枝和曲枝的美一直被古代文人们津津乐道。宋代林逋用"疏影横斜水清浅，暗香浮动月黄昏"把梅花疏影参差，横伸斜曲的风骨神韵刻画得淋漓尽致：

山园小梅

宋·林逋

众芳摇落独暄妍，占尽风情向小园。

疏影横斜水清浅，暗香浮动月黄昏。

霜禽欲下先偷眼，粉蝶如知合断魂。

幸有微吟可相狎，不须檀板共金樽。

"宝剑锋从磨砺出，梅花香自苦寒来"，梅花的神、韵、姿、色、香俱佳，且具有不畏风寒、迎春傲雪的气节，是古人们乐于吟咏的永恒主题。梅花是中华民族的精神象征，象征坚韧不拔，不屈不挠，奋勇当先，自强不息的精神品质，受到人们的赞美和喜爱。

宋代陆游咏梅花的孤芳自赏，基调是凄凉的。1962年毛泽东反其意而用之，写下了著名的《卜算子·咏梅》，讴歌了梅花不惧严寒敢于抗争的品格，托梅寄志，表明中国共产党人的决心，在险恶的环境下绝不屈服，勇敢地迎接挑战，直到取得最后胜利：

卜算子·咏梅

毛泽东

风雨送春归，飞雪迎春到。

已是悬崖百丈冰，犹有花枝俏。

俏也不争春，只把春来报。

待到山花烂漫时，她在丛中笑。

桃之夭夭

三月，是桃花的季节。在经历了一个冬天的沉寂之后，春风轻轻吹过，从一枝桃花凌空伸展开始，桃花的明艳便渐渐染满了大地。春风将桃花摇红，而桃花将风摇香。

"资质甚美，而孤洁寡合"的崔护赶考落第，在清明节独游城南庄，因口渴扣一门户讨水喝，一女子设椅庭院中招待。是时春风激荡，桃花盛开，那个姑娘倚在一株桃树下"妖姿媚态，绰有余妍"，人面花光，互相辉映。第二年清明节时，崔护追忆往事，情不可遏，又往探访，结果桃花依旧，空不见人，于是在门扉上题诗云：

　　　　　　去年今日此门中，人面桃花相映红。

　　　　　　人面不知何处去，桃花依旧笑春风。

　　一个耀眼的"红"字，强烈地渲染出这种相映生色的景象和气氛、诗人的心事还有彼此藏在心中的欢爱和兴奋。

　　穿行于桃林间，只见彩蝶在枝上飞舞，蜜蜂在花簇间穿梭，嗡嗡吟唱，和风吹拂过后，一股股花香沁人心脾。抬头看是桃花，低头看还是桃花，闭上眼睛看，依旧是桃花。一树树桃花，粉得似霞，白得似雪，红得似火，让人目不暇接。远远望去，一层淡淡的薄雾飘浮在山坡上，弥漫在桃林间，微弱的霞光洒在轻雾上，把远近的景物染上了浅浅的粉红色。

　　当她初绽枝头时，春天是娇羞的；当她花开满树时，又觉得春天是热烈奔放的。阳光灿烂，她艳得几欲燃烧；细雨迷蒙，她又娇弱得惹人轻怜。或晴或雨，她总是那般妩媚动人；或浓或淡，她都不失温柔婉约。

　　于静谧的桃林中漫步，任凭思绪随风飘荡。碧绿的草坪与粉红的桃花相映成辉，眼前绯红一片。微风过处，树枝微颤，清新的空气中融合着桃花的香味。渐渐地，我的嗅觉也随之灵敏起来，闻到了一丝清幽的花香，随手抓起一个花瓣，手指一捻，手也是香喷喷的。翻过一个小山包转角后忽觉眼前一亮，惊艳的桃花林，一树树，一片片，漫山遍野已经开遍，粉红粉红的花瓣将仍有冬意残留的树枝装扮得像一道彩霞，使周围的整个山川看起来都显得分外娇娆。

　　桃花总是给人以太多的遐想。白色的桃花洁白如玉似棉，粉色的桃花粉如绽放的杜鹃。

　　一朵桃花，就是一个盛开的微笑。桃花是春天的笑脸，桃花是春天的名片。花瓣散到哪里，春天就笑到哪里。春天笑到哪里，人心就醉到哪里。我深爱三月桃花，爱桃花的美丽，赏桃花的浪漫，看桃花的多情，更爱那花尽新绿后蓬勃的生命力。

江畔独步寻花（其五）

唐·杜甫

黄师塔前江水东，春光懒困倚微风。

桃花一簇开无主，可爱深红爱浅红。

桃花溪

唐·张旭

隐隐飞桥隔野烟，石矶西畔问渔船。

桃花尽日随流水，洞在清溪何处边。

桃花总是开在令人喜悦的季节，无论是人们把她喻为丽人也好，喻为红霞也罢，她都付诸一笑。笑迎春至，笑看春归，不为招蜂引蝶，只为不辜负春风的希望，绽放属于自己的美丽。唐代诗人刘禹锡著《竹枝词·山桃红花满上头》诗云：

山桃红花满上头，蜀江春水拍山流。

花红易衰似郎意，水流无限似侬愁。

两句对景抒情，用的是两个比喻：花红易衰，正像郎君的爱情虽甜，但不久便衰落；而流水滔滔不绝，正好像自己的无尽愁苦。这两句形象地描绘出了一个失恋女子的内心痛苦。比喻贴切、动人，使人读了不禁为这个女子在爱情上的不幸遭遇而深受触动。

四月，正是大地上桃花芳菲落尽的时候，而高山古寺之中的桃花竟刚刚才盛放。唐代诗人白居易写"人间四月芳菲尽，山寺桃花始盛开"正是这一现象的写照，他登山时已届孟夏，正属大地春归，芳菲落尽之时，但不期在高山古寺之中，又遇上了意想不到的春景——一片始盛的桃花。他曾为春光的匆匆不驻而怨恨，而恼怒，而失望，因此当这始所未料的一片春景映入眼帘时，该是使人感到多么的惊异和欣喜！

大林寺桃花

唐·白居易

人间四月芳菲尽，山寺桃花始盛开。

长恨春归无觅处，不知转入此中来。

在这首短诗中，自然界的春光被描写得如此的生动具体，天真可爱，活灵活现，如果没有对春的无限留恋、热爱，没有诗人的一片童心，是写不出来的。

桃花，是晨风中摇曳绽放的春色，是书香里翰墨不干的沉吟，是西窗前缠绵不绝的情思。桃花的自然之美，自古以来就为人们所推崇。《红楼梦》第70回写到时逢初春时节，大观园群芳又萌动了诗兴，林黛玉所作《桃花行》得到一致赞叹，众人更是建议将"海棠诗社"改名为"桃花诗社"。

桃花行

清·曹雪芹

桃花帘外东风软，桃花帘内晨妆懒。

帘外桃花帘内人，人与桃花隔不远。

东风有意揭帘栊，花欲窥人帘不卷。

桃花帘外开仍旧，帘中人比桃花瘦。

花解怜人花亦愁，隔帘消息风吹透。

风透湘帘花满庭，庭前春色倍伤情。

闲苔院落门空掩，斜日栏杆人自凭。

凭栏人向东风泣，茜裙偷傍桃花立。

桃花桃叶乱纷纷，花绽新红叶凝碧。

雾裹烟封一万株，烘楼照壁红模糊。

天机烧破鸳鸯锦，春酣欲醒移珊枕。

侍女金盆进水来，香泉影蘸胭脂冷！

胭脂鲜艳何相类，花之颜色人之泪。

若将人泪比桃花，泪自长流花自媚。

泪眼观花泪易干，泪干春尽花憔悴。

憔悴花遮憔悴人，花飞人倦易黄昏。

一声杜宇春归尽，寂寞帘栊空月痕！

《桃花行》一诗，以深沉的感情，形象的语言，表达了林黛玉内心的忧伤、痛苦。通过灿烂鲜艳的桃花与寂寞孤单之人的多方面的对比、烘托，而塑造了一个满怀忧虑、怨恨而又无力自拔的贵族少女的自我形象。林黛玉以花自喻，抒发了内心深底的无限感慨。"泪眼观花泪易干，泪干春尽花憔悴"，是她自我的哭诉与写照。

推荐阅读：

桃花源记

晋·陶渊明

晋太元中，武陵人捕鱼为业。缘溪行，忘路之远近。忽逢桃花林，夹岸数百步，中无杂树，芳草鲜美，落英缤纷。渔人甚异之，复前行，欲穷其林。

林尽水源，便得一山，山有小口，仿佛若有光。便舍船，从口入。初极狭，才通人。复行数十步，豁然开朗。土地平旷，屋舍俨然，有良田美池桑竹之属。阡陌交通，鸡犬相闻。其中往来种作，男女衣着，悉如外人。黄发垂髫，并怡然自乐。

见渔人，乃大惊，问所从来。具答之。便要还家，设酒杀鸡作食。村中闻有此人，咸来问讯。自云先世避秦时乱，率妻子邑人来此绝境，不复出焉，遂与外人间隔。问今是何世，乃不知有汉，无论魏晋。此人一一为具言所闻，皆叹惋。余人各复延至其家，皆出酒食。停数日，辞去。此中人语云："不足为外人道也。"

既出，得其船，便扶向路，处处志之。及郡下，诣太守，说如此。太守即遣人随其往，寻向所志，遂迷，不复得路。

南阳刘子骥，高尚地，闻之，欣然规往。未果，寻病终，后遂无问津者。

杏花听雨

仲春二月是杏花时节，杏花同桃花、李花同属，外貌有几分相像，开花恰逢清明前后，多有蒙蒙细雨。一提到杏花便会想到春雨，一遇到春雨，抬眼看到的又是杏花，常使人们摹物抒怀。唐代杜牧作的《清明》诗曰：

清明时节雨纷纷，路上行人欲断魂。

借问酒家何处有，牧童遥指杏花村。

杏花含苞待放时，朵朵艳红。盛开时，明艳骄恣，繁花丽色，胭脂万点，占尽春风。随着花瓣的伸展，色彩由浓渐渐转淡，到落时成雪白一片。宋代诗人杨万里《杏花》诗曰：

道白非真白，言红不若红。

请君红白外，别眼看天工。

杏花初放，红后渐白。唐代诗人韩愈作《杏花》，诗中只有"白红"两字贴到杏花上，其余全是写作者看花之盛，纵横恣肆，实乃奇作。用杏花的白红之态，言其红白相间而热闹也，反衬古寺荒凉之意：

杏花

唐代·韩愈

居邻北郭古寺空，杏花两株能白红。

曲江满园不可到，看此宁避雨与风。

二年流窜出岭外，所见草木多异同。

冬寒不严地恒泄，阳气发乱无全功。

浮花浪蕊镇长有，才开还落瘴雾中。

山榴踯躅少意思，照耀黄紫徒为丛。

鹧鸪钩辀猿叫歇，杳杳深谷攒青枫。

岂如此树一来玩，若在京国情何穷。

今旦胡为忽惆怅，万片飘泊随西东。

明年更发应更好，道人莫忘邻家翁。

　　杏花盛开时节，细雨蒙蒙，衣衫渐沾渐湿，掺杂着杏花的芬芳；杨柳吐青，天气转暖，春风拂面，伴着杨柳的清香，醉人宜人。宋代释志南作《绝句》，体现了剪剪轻风细细雨，悠然徜徉春色里，是何等惬意：

古木阴中系短篷，杖藜扶我过桥东。

沾衣欲湿杏花雨，吹面不寒杨柳风。

雨，冠以杏花；风，冠以杨柳。雨，是杏花浸湿过的雨，似乎更纯净；风，是杨柳筛滤过的风，似乎更清爽。杏花雨，杨柳风，把风雨花木糅在了一起，使春意的色彩渲染得更加浓重。宋代诗人陆游作《临安春雨初霁》诗曰：

世味年来薄似纱，谁令骑马客京华？

小楼一夜听春雨，深巷明朝卖杏花。

矮纸斜行闲作草，晴窗细乳戏分茶。

素衣莫起风尘叹，犹及清明可到家。

"小楼一夜听春雨，深巷明朝卖杏花。"古龙的《圆月弯刀》里引用了陆游的这句诗，圆月弯刀上刻着"小楼一夜听春雨"："青青的弯刀是青青的，青如远山，青如春树，青如情人们眼中的泪水。青青的弯刀上，有一行很细很小的字，'小楼一夜听春雨。'天有不测风云，月有阴晴圆缺。此事古难全。但愿人长久，千里共婵娟。"

"小楼一夜听春雨，深巷明朝卖杏花。"每每读及此句，总会想到一深幽古巷，一精致阁楼，一帘纱帐，轻罗薄衫的美人一夜听雨，"点点滴滴到天明"，忽闻巷内卖杏花声，欣然起身整衫，凭栏，凝思，独叹……时空就定格在这样一幅宁静的水墨画中。

空谷幽兰

　　古人云，兰为百草之长。兰花亦被誉为花中君子、王者之香，象征高尚、典雅、坚贞不渝；深山幽谷之中的兰花，清香淡雅，沁人肺腑，不因境寂而逊色，堪称"空谷佳人""花之骄子"。

兰草

张纶英

幽兰有高致，质弱苦易零。

芳香不可留，滋树徒劳形。

小草时作花，嫣红间葱青。

闲阶濯新雨，绰态何娉娉。

悦目非不怡，所嗟乏奇馨。

采之聊把玩，慨彼服媚情。

一笑谢东皇，荣枯无定形。

　　兰花自古深受人们的喜爱，在中国传统文化中，文章写得好，被称为"兰章"，朋友以心相交，被称为"兰友"。养兰、赏兰、画兰、写兰成了人们陶冶情操、修身养性的重要途径，所谓是"秋兰兮清清，绿叶兮紫茎，满堂兮美人"。

兰

清·汪士慎

幽谷出幽兰，秋来花畹畹。

与我共幽期，空山欲归远。

　　兰较喜阴，常生长于山林间较隐蔽的地方，与众草为伍，因为香气不凡，而不至于深埋山谷中。兰香纯正不邪，香气浓郁却不强烈刺鼻，往往被形容为是一种"清香"，此清香在空气中飘荡开来，幽幽不绝，如丝如缕，古人视兰香为"幽香"，进而称兰为"幽兰"。当年李白怀着一种怀才不遇的心情和孤芳自赏的态度写下了兰花诗《古风》：

孤兰

唐·李白

孤兰生幽园，众草共芜没。

虽照阳春晖，复悲高秋月。

飞霜早淅沥，绿艳恐休歇。

若无清风吹，香气为谁发。

明朝孙克弘更是在《兰花》一诗中，淋漓尽致地描述了兰花的高洁品质，不会刻意为他人展示自己的芬芳。

兰花

明·孙克弘

空谷有佳人，倏然抱幽独。

东风时拂之，香芬远弥馥。

兰不单以香见胜。兰虽然没有牡丹的凤荣富贵之态，没有桃李娇艳之姿，却有一种清雅之致，让人不能等闲视之。清朝皇帝爱新觉罗·玄烨因其殿前盆卉，芳兰独秀，而题四韵，作诗《秋兰》云：

猗猗秋兰色，布叶何葱青。

爱此王者香，著花秀中庭。

幽芬散缃帙，静影依疏棂。

岂必九畹多，侈彼离骚经。

兰是文人的花，生于幽岩绝壑中，却能抱芳守节，如处世立身的君子一般，与梅、竹、菊并列成为丹青画者之最爱。楚国诗人屈原曾在《九歌》中写道"秋兰兮青青，绿叶兮紫茎；满堂兮美人，忽独与余兮目成"。自唐宋起，兰成为画家之首选，代表人物是清代"扬州八怪"之一郑板桥。

高山幽兰

清·郑板桥

千古幽贞是此花，不求闻达只烟霞。

采樵或恐通来路，更取高山一片遮。

题画兰

清·郑板桥

身在千山顶上头，突岩深缝妙香稠。

非无脚下浮云闹，来不相知去不留。

爱兰，是因为她清新淡然，优雅高贵。正如元朝余同麓诗中所写："手培兰蕊两三栽，日暖风和次第天，久坐不知香在室，推窗时有蝶飞来。"兰花淡淡的芳香，竟让久处的人忽略了，但她绝不会因人们的疏忽而含香不吐。兰花她优雅高贵，不与百花争奇斗艳，却幽幽地独自吐露着芬芳。这就是兰花的品质、兰花的气度、兰花的内涵。

推荐阅读：

兰语篇

清·鲍倚云

幽芳不知春，春赴桃蹊水。

回波忆旧雨，冥濛晓烟里。

畴昔子慕予，窈窕竟奚似。

目成山之南，清川渌如此。

萧萧秋雨恶，檐端孕花蕊。

酷腊酿奇寒，土乾未滋蚁。

引领期入房，吹衣北风起。

根垡暗已朽，处堂昧生理。

怨长交不终，媒劳复谁倚。

酾酒与花盟，花光去若驶。

苏兮独自愁，何人信予美。

风流月季

月季，被称为花中皇后，又称"月月红"，蔷薇科常绿或半常绿低矮灌木，四季开花，多红色，偶有白色，可作为观赏植物，也可作为药用植物。

月季被古人称为"惑之花"，如同妖媚的女人，不太受人喜欢和称赞，因此咏赞月季的诗句很少。宋嘉靖间宰相韩琦赞道"何似此花荣艳足，四时长放浅深红"；与他同时期的苏东坡写道"唯有此花开不厌，一年长占四时春"；宋代女诗人朱淑贞赞道"一枝才谢一枝殷，自是春工不与闲"；清代经学家孙星衍则称其"才人相见都相赏，天下风流是此花"。

月季

宋·韩琦

牡丹殊绝委春风，露菊萧疏怨晚丛。

何似此花荣艳足，四时常放浅深红。

对于月季常开不衰的特点，宋代诗人杨万里称赞月季花美气香，四时常开。

腊前月季

宋·杨万里

只道花无十日红，此花无日不春风。

一尖已剥胭脂笔，四破犹包翡翠茸。

别有香超桃李外，更同梅斗雪霜中。

折来喜作新年看，忘却今晨是季冬。

宋代诗人徐积的《长春花》也是赞美月季的诗，从大处落笔，描写的绘声绘色，使读者诵读后赏心悦目。

长春花

宋·徐积

谁言造物无偏处，独遣春光住此中。

叶里深藏云外碧，枝头常借日边红。

曾陪桃李开时雨，仍伴梧桐落后风。

费尽主人歌与酒，不教闲却卖花翁。

宋代诗人苏辙在《所寓堂后月季再生与远同赋》中表现出了月季非常顽强的生命力和敢于与恶劣环境搏斗的精神。

所寓堂后月季再生与远同赋

宋·苏辙

客背在芳丛，开花不遗月。

何人纵寻斧，害意肯留卉。

偶乘秋雨滋，冒土见微茁。

猗猗抽条颖，颇欲傲寒冽。

势穷虽云病，根大未容拔。

我行天涯远，幸此城南芰。

小堂劣容卧，幽阁粗可蹑。

中无一寻空，外有四邻市。

窥墙数柚实，隔屋看椰叶。

葱茜独兹苗，悯悯待其活。

及春见开敷，三嗅何忍折。

在诗人眼里，这月季花"花开花落无间断"，清代诗人庄棫称其"廿四番风，漫将花信从头数，一年一月一番新"，所以也称为"长春花"。她不仅"欺牡丹，傲蔷薇"，还与梅菊斗胆争艳，宋代徐积所作《长春花五首（其二）》是一典型例子。

长春花五首　其二

宋·徐积

一从春色入花来，便把春阳不放回。

雪围未容梅独占，霜篱初约菊同开。

长生洞里神仙种，万岁楼前锦绣堆。

过尽白驹都不管，绿杨红杏自相催。

俗话说："人无千日好，花难四季红。"对此，诚斋先生质疑道："只道花无十日红，此花无日不春风。""此花"无他，便是"年年春夏与秋冬，月月开花季季红"的月季花。

月季，既独具"花亘四时，月一披秀；寒暑不改，似固常守"的特殊魅力，又兼容"蔷薇颜色、玫瑰态度、宝相精神"，"不比浮花浪蕊、鲜艳见天真"，因而又有"四季花"的美誉：

长春花

宋·朱淑贞

一枝才谢一枝殷，自是春工不与闲。

纵使牡丹称绝艳，到头荣瘁片时间。

石竹美人

　　石竹，别名洛阳花，中国传统名花之一。石竹因其茎具节，膨大似竹，因而得名。花色有紫红、大红、粉红、纯白、红色、杂色，单瓣5枚或重瓣，先端锯齿状，微具香气。石竹花日开夜合，花瓣阳面中下部组成黑色美丽环纹，盛开时瓣面如蝶闪着绒光，绚丽多彩。

　　石竹花为五瓣，质如丝绒，古人取其花纹用于服饰中。大诗人李白在《宫中竹乐词》中就有"石竹绣罗衣"的诗句，写的就是轻软丝织品制成的衣服上绣有石竹花纹。自此之后，诗人咏石竹花，就常常与罗衣、美人联系在一起了。例如，唐朝的陆龟蒙，宋代的王安石、林逋等都有诗云：

石竹花咏

唐·陆龟蒙

曾看南朝画国娃，古萝衣上碎明霞。

而今莫共金钱斗，买却春风是此花。

山舍小轩有石竹二丛閧然秀发因成二章

宋·林逋

麝香眠后露檀匀，绣在罗衣色未真。

斜倚细丛如有恨，冷摇疏朵欲生春。

阶前红药推词客，篱下黄花重古人。

今日含毫与题品，可怜殊不愧清新。

唐代司空曙在《云阳寺石竹花》写道：

一自幽山别，相逢此寺中。

高低俱出叶，深浅不分丛。

野蝶难争白，庭榴暗让红。

谁怜芳最久，春露到秋风。

作者以悠闲的心情描绘出石竹的形态，以蝶、榴显示出对石竹的赞叹。

唐代诗人王绩一生作过许多关于石竹的诗，其中最有名的当属《石竹咏》，通过石竹从繁盛华丽到叶瘦花残的变化形象地写出了自己的人生态度。

石竹咏

唐·王绩

萋萋结绿枝，晔晔垂朱英。

常恐零露降，不得全其生。

叹息聊自思，此生岂我情。

昔我未生时，谁者令我萌。

弃置勿重陈，委化何足惊。

齐己和尚是唐朝著名的诗僧，出家前俗名胡德生，晚年自号衡岳沙门，曾著有多首著名诗篇，也曾为门前石竹作诗一首：

石竹花

唐·齐己

石竹花开照庭石，红藓自禀离宫色。

一枝两枝初笑风，猩猩血泼低低丛。

常嗟世眼无真鉴，却被丹青苦相陷。

谁为根寻造化功，为君吐出淳元胆。

白日当午方盛开，彤霞灼灼临池台。

繁香浓艳如未已，粉蝶游蜂狂欲死。

宋代王安石爱慕石竹之美，又怜惜它不被人们所赏识，于是写下关于石竹花的多首诗，其中比较有名的两首一直被人们津津乐道：

石竹花二首　其一

宋·王安石

春归幽谷始成丛，地面芬敷浅浅红。

车马不临谁见赏，可怜亦解度春风。

石竹花

宋·王安石

退公诗酒乐华年，欲取幽芳近绮筵。

种玉乱抽青节瘦，刻缯轻染绛花圆。

风霜不放飘零早，雨露应从爱惜偏。

已向美人衣上绣，更留佳客赋婵娟。

    一女子在天气稍微转热，穿上绣有鲜艳的石竹花的罗衣，走出闺阁，来到园中，傍立在石竹花丛，这是怎样的一副画面？宋代晏殊写下了《采桑子·石竹》，让人遐想身着石竹罗衣的佳人与石竹花交相辉映的景象：

采桑子·石竹

宋·晏殊

古罗衣上金针样，绣出芳妍。

玉砌朱阑。紫艳红英照日鲜。

佳人画阁新妆了，对立丛边。

试摘婵娟。贴向眉心学翠钿。

    张耒在世时，文采风流为一时冠，学者欣慕并继述之。他也将石竹的芳姿著以笔下：

石竹

宋·张耒

真竹乃不华，尔独艳暮春。

何妨儿女眼，谓尔胜霜筠。

世无王子猷，岂有知竹人。

粲粲好自持，时来称此君。

栀子花开

从春天到夏初都可以看到栀子的白色花朵。栀子花语为喜悦，也有人说栀子的花语是"永恒的爱，一生的守候和约定"。大概是因为，此花从冬季开始孕育花苞，直到近夏至才会绽放，含苞期愈长，清芬愈久远；栀子的叶，也是经年在风霜雪雨中翠绿不凋。即便是看似不经意的绽放，也是经历了长久的努力与坚持。

咏墙北栀子诗

南北朝·谢朓

有美当阶树。霜露未能移。

金蕡发朱采。映日以离离。

幸赖夕阳下。余景及西枝。

还思照绿水。君阶无曲池。

余荣未能已。晚实犹见奇。

复留倾筐德。君恩信未赀。

和令狐相公咏栀子花

唐·刘禹锡

蜀国花已尽，越桃今已开。

色疑琼树倚，香似玉京来。

且赏同心处，那忧别叶催。

佳人如拟咏，何必待寒梅。

咏栀子花

清·刘灏

素花偏可喜，的的半临池。

疑为霜裹叶，复类雪封枝。

日斜光隐见，风还影合离。

栀子，属茜草科，为常绿灌木。枝叶繁茂，树形美观。春夏之交，花蕾初现，整株白绿相间，叶子油光发亮，酷似翠玉所雕。

栀子花开，馨香浓郁，沁人肺腑。少妇清晨多摘其插于鬓发上，青年男女则将其放入口袋，或浸在碗里，置于室内迎宾客。真可谓，栀子花开大地香。

水栀子

宋·朱淑贞

一根曾寄小峰峦，苦蕌香清水影寒。

玉质自然无暑意，更宜移就月中看。

咏栀子花

明·黄朝荐

兰叶春以荣，桂华秋露滋。

何如炎炎天，挺此冰雪姿。

松柏有至性，岂必岁寒时。

幽香无数续，偏于静者私。

解酲试新茗，梦回理残棋。

宁肯媚晚凉，清风匝地随。

栀子花有六瓣，纯白色在萎蔫时转为黄色，故未落地的黄色栀子花仍有十足的香气，令人不舍得扔掉。宋代王义山在《蝶恋花》一词中，称赞栀子花香之神，胜似沉水龙涎：

移向慈元供寿佛，压倒群花，端的成清绝。青萼玉苞全未拆。熏风微处留香雪。

未拆香苞香已冽，沉水龙涎，不用金炉爇。花露轻轻和玉屑。金仙付与长生诀。

传说栀子的种子来自天竺，与佛有关，故有人称它"禅客""禅友"。杜甫有《江头四咏·栀子》曰：

江头四咏·栀子

唐·杜甫

栀子比众木，人间诚未多。

于身色有用，于道气伤和。

红取风霜实，青看雨露柯。

无情移得汝，贵在映江波。

刘若英唱着"栀子花白花瓣，落在我蓝色百褶裙上……"向我们款款走来。栀子花开啊开，是淡淡的青春，纯纯的爱，是美好的爱情寄托。

栀子

宋·颜测

濯雨时摛素，当飙独含芬。

丰荣殊未纪，销落竟谁闻。

国色牡丹

牡丹，是中国传统花卉，有数千年的自然生长和两千多年的人工栽培历史。牡丹花大、形美、色艳、香浓，为历代人们所称颂。牡丹文化的起源，若从《诗经》牡丹进入诗歌算起，距今约3000年历史。秦汉时代以药用植物将牡丹记入《神农本草经》。南北朝时，北齐杨子华画牡丹，牡丹已进入艺术领域。隋炀帝在洛阳建西苑，于易州进牡丹二十箱，植于西苑，自此，

牡丹进入皇家园林。唐代，牡丹诗大量涌现，刘禹锡的"唯有牡丹真国色，花开时节动京城"脍炙人口；李白的"云想衣裳花想容，春风拂槛露华浓"成为千古绝唱。宋代，除牡丹诗词大量问世外，又出现了牡丹专著，诸如欧阳修的《洛阳牡丹记》、陆游的《天彭牡丹谱》、丘浚的《牡丹荣辱志》、张邦基的《陈州牡丹记》等。除此之外，元姚遂有《序牡丹》，明高濂有《牡丹花谱》、王象晋有《群芳谱》，清汪灏有《广群芳谱》等。

散见于历代种种杂著、文集中的牡丹诗词文赋，遍布民间花乡的牡丹传说故事，屡见不鲜：

赏牡丹

唐·刘禹锡

庭前芍药妖无格，池上芙蕖净少情。

惟有牡丹真国色，开花时节动京城。

牡丹

唐·徐凝

何人不爱牡丹花，占断城中好物华。

颖是洛川神女作，千娇万态破朝霞。

赵侍郎看红白牡丹因寄杨状头赞图

唐·殷文圭

迟开都为让群芳，贵地栽成对玉堂。

红艳袅烟疑欲语，素华映月只闻香。

剪裁偏得东风意，淡薄似矜西子妆。

雅称花中为首冠，年年长占断春光。

牡丹

唐·薛涛

去春零落暮春时，泪湿红笺怨别离。

常恐便同巫峡散，因何重有武陵期？

传情每向馨香得，不语还应彼此知。

只欲栏边安枕席，夜深闲共说相思。

　　牡丹在我国被誉为"国色天香"和"花中之王"，在世界上也享有盛名。牡丹花，娇艳多姿，雍容大方，富丽堂皇。自古以来骚人墨客对其讴歌、赞美：

牡丹

唐·李山甫

邀勒春风不早开，众芳飘后上楼台。

数苞仙艳火中出，一片异香天上来。

晓露精神妖欲动，暮烟情态恨成堆。

知君出解相轻薄，斜倚栏杆首重回。

赏牡丹

宋·谢枋得

兰佩蓉裳骨相寒，山中何日鼎成丹。

春深富贵花如此，一笑尊前醉眼看。

红牡丹

唐·王维

绿艳闲且静，红衣浅复深。

花心愁欲断，春色岂知心。

白牡丹

唐·韦庄

闺中莫妒新妆妇，陌上须惭傅粉郎。

昨夜月明浑似水，入门唯觉一庭香。

吉祥寺花将落而述古至

宋·苏轼

今岁东风巧剪裁，含情只待使君来。

对花无信花应恨，直恐明年花不开。

惜牡丹花二首

唐·白居易

其一　翰林院承厅花干作

惆怅阶前红牡丹，晚来唯有两枝残。

明朝风起应吹尽，夜惜衰红把火看。

其二　新昌窦给事宅南亭花干作

寂寞萎红低向雨，离披破艳散随风。

晴明落地犹惆怅，何况飘零泥土中。

牡丹吟

宋·邵雍

牡丹花品冠群芳，况是其间更有王。

四色变而成百色，百般颜色百般香。

　　历史上，古都洛阳的牡丹种类最多，其中有两个传统名种，一个开黄花的名姚黄，另一个开紫花的名魏紫，一直流传到今天。

　　有一个"刘师阁"的传说：隋朝末年，在河南汝州的庙下镇东边，有个刘氏家族居住的地方——刘家馆。这里有一个美丽天真的少女，出生于书香门第，自幼琴棋书画，无所不通，备受亲邻的喜欢。随后父母相继过世，少女便随在长安作官的哥嫂来到长安定居。隋朝灭亡后，哥嫂相继谢世，独留她孤怜一人，无处可去，又兼看破红尘，竟出家做了尼姑。出家时，少女将原来家院里亲手种植的白牡丹带到庵中，以表献身佛教、洁身自好之意。在她的精心管理下，白牡丹长得非常茂盛、美丽。一株着花千朵，花大盈尺，重瓣起楼，白色微带红晕，晶莹润泽，如美人肌肤，童子玉面。观者无不赞其美，颂其佳，故每逢四月，众多信女纷纷前来此庵拜佛观花，且以将花献佛为乐，香火愈旺。因此花出自"刘氏居之阁下"之手，故名为"刘氏阁"，又叫"刘师阁"。后来，此牡丹品种又传到四川天彭、山东菏泽等地，芳香远播。

买花

唐·白居易

帝城春欲暮，喧喧车马度。

共道牡丹时，相随买花去。

贵贱无常价，酬直看花数。

灼灼百朵红，戋戋五束素。

上张幄幕庇，旁织笆篱护。

水洒复泥封，移来色如故。

家家习为俗，人人迷不悟。

有一田舍翁，偶来买花处。

低头独长叹，此叹无人喻。

一丛深色花，十户中人赋。

蝶恋花·牡丹

宋·黄裳

每到花开春已暮。况是人生，难得长欢聚。一日一游能几度。看看背我堂堂去。

蝶乱蜂忙红粉妒。醉眼吟情，且与花为主。雪怨云愁无问处。芳心待向谁分付。

翦朝霞·牡丹

宋·贺铸

云弄轻阴谷雨乾，半垂油幕护残寒。化工著意呈新巧，剪刻朝霞钉露盘。

辉锦绣，掩芝兰，开元天宝盛长安。沉香亭子钩阑畔，偏得三郎带笑看。

牡丹种曲

唐·李贺

莲枝未长秦蘅老，走马驮金属春草。

水灌香泥却月盘，一夜绿房迎白晓。

美人醉语园中烟，晚花已散蝶又阑。

梁王老去罗衣在，拂袖风吹蜀国弦。

归霞帔拖蜀帐昏，嫣红落粉罢承恩。

檀郎谢女眠何处？楼台月明燕夜语。

题益公丞相天香堂

宋·杨万里

君不见，沉香亭北专东风，谪仙作颂天无功。

若不见，君王殿后春第一，领袖众芳捧尧日。

此花司春转化钧，一风一雨万物春。

十分整顿春光了，收黄拾紫白反江。

天香染就山龙裳，余芬却染山水乡。

青原白鹭万松竹，被渠染作天上香。

人间何曾识姚魏，相公新移洛中裔。

呼酒抚招野客看，不醉花前为谁醉。

咏绩溪道中牡丹二种·丝头粉红

宋·杨万里

看尽徽苏谱与园，牡丹未见粉丝君。

春罗浅染醋红色，王板蹙成裙摺纹。

头重醉余扶不起，肌香淑处澹仍芬。

老夫生有栽花癖，客里相看为一醺。

咏绩溪道中牡丹二种·重台九心淡紫，进退格

宋·杨万里

紫玉盘盛碎紫绡，碎绡拥出九娇饶。

却将些子郁金粉，乱点中央花片梢。

叶叶鲜明还互照，婷婷风韵不胜妖。

折来细两轻寒里，正是东风折半包。

浣溪沙·寒食初晴，桃杏皆已零落，独牡丹欲开

宋·毛滂

魏紫姚黄欲占春。不教桃杏见清明。残红吹尽恰才晴。

芳草池塘新涨绿，官桥杨柳半拖青。秋千院落管弦声。

次韵李秬双头牡丹

宋·晁补之

寒食春光欲尽头，谁抛两两路傍球。

二乔新获吴宫怯，双隗初临晋帐羞。

月底故应相伴语，风前各是一般愁。

使君腹有诗千首，为尔情如篆印缪。

和李中丞慈恩寺清上人院牡丹花歌

唐·权德舆

澹荡韶光三月中，牡丹偏自占春风。

时过宝地寻香径，已见新花出故丛。

曲水亭西杏园北，浓芳深院红霞色。

擢秀全胜珠树林，结根幸在青莲域。

艳蕊鲜房次第开，含烟洗露照苍苔。

庞眉倚杖禅僧起，轻翅萦枝舞蝶来。

独坐南台时共美，闲行古刹情何已。

花间一曲奏阳春，应为芬芳比君子。

徐夤在《郡庭惜牡丹》中对人生短暂、青春不驻的感叹，更是动人：

断肠东风落牡丹，为祥为瑞久留难。

青春不驻堪垂泪，红艳已空犹倚栏。

积藓下销香蕊尽，晴阳高照露华干。

明年万叶千枝长，倍发芳菲借客看。

李孝光的《牡丹》诗，颇能表达人们对牡丹的赞美之情：

富贵风流拔等伦，百花低首拜芳尘。

画栏绣幄围红玉，云锦霞裳涴翠茵。

天是有各能盖世，国中无色可为邻。

名花也自难培植，合费天工万斛春。

西施杜鹃

　　杜鹃花是中国十大名花之一。农历三四月间杜鹃啼血时，此花便如火如荼地怒放起来，映得满山都红，使历代文人为此挥笔舞墨。杜鹃花热烈、奔放，不争艳，不娇贵，更为令人赞叹的是杜鹃花对生存环境要求不高，只要到一定的海拔高度，无论土质肥沃或贫瘠，有无人类的施肥除草，她都能茁壮成长，迎寒怒放，且漫山红遍，灿似彩霞，绚丽动人，灿烂至极。

大唐时节某个春天，大诗人白居易冒着细雨赴刘十九二林之期，等他赶到赴会的寺中，刘十九已先行离去，并于满山杜鹃花开景象前写下了四韵留给他：

雨中赴刘十九二林之期及到寺刘已先去因以四韵寄之

唐·白居易

云中台殿泥中路，既阻同游懒却还。

将谓独愁犹对雨，不知多兴已寻山。

才应行到千峰里，只校来迟半日闲。

最惜杜鹃花烂熳，春风吹尽不同攀。

杜鹃花被人誉为"花中西施"，又名映山红，花色品种很多，尤其各种红色居多。白居易看到的山石榴，其实就是杜鹃花。白居易写道"闲折两枝持在手，细看不似人间有。花中此物似西施，芙蓉芍药皆嫫母。回看桃季都无色，映得芙蓉不是花"可见在诗人眼中，杜鹃花是备受喜爱和推崇的。

山石榴寄元九

唐·白居易

山石榴，一名山踯躅，一名杜鹃花，杜鹃啼时花扑扑。

九江三月杜鹃来，一声催得一枝开。

江城上佐闲无事，山下斫得厅前栽。

烂熳一阑十八树，根株有数花无数。

千房万叶一时新，嫩紫殷红鲜麹尘。

泪痕浥损燕支脸，剪刀裁破红绡巾。

谪仙初堕愁在世，姹女新嫁娇泥春。

日射血珠将滴地，风翻火焰欲烧人。

闲折两枝持在手，细看不似人间有。

花中此物似西施，芙蓉芍药皆嫫母。

奇芳绝艳别者谁？通州迁客元拾遗。

拾遗初贬江陵去，去时正值青春暮。

商山秦岭愁杀君，山石榴花红夹路。

题诗报我何所云？苦云色似石榴裙。

当时丛畔唯思我，今日阑前只忆君。

忆君不见坐销落，日西风起红纷纷。

"最惜杜鹃花烂漫，春风吹尽不同攀。"暮春时节，四月杜鹃来，一声催得花烂熳，根株有花无数……就这样，巴蜀诸地，特别是高山地区，满山杜鹃花开。

宣城见杜鹃花

唐·李白

蜀国曾闻子规鸟，宣城还见杜鹃花。

一叫一回肠一断，三春三月忆三巴。

菩提寺南漪堂杜鹃花

宋·苏轼

南漪杜鹃天下无，披香殿上红氍毹。

鹤林兵火真一梦，不归阆苑归西湖。

新楼诗二十首·杜鹃楼

唐·李绅

杜鹃如火千房拆，丹槛低看晚景中。

繁艳向人啼宿露，落英飘砌怨春风。

早梅昔待佳人折，好月谁将老子同。

惟有此花随越鸟，一声啼处满山红。

天台山的云锦杜鹃是目前世界上最古老、最高、最大的"杜鹃之王"，树干如铁，虬枝如钩，枝繁叶茂，独具气势。

井冈山是著名的红色旅游景区。每年春天，这里同样红透半边天，因为在参天挺立的水杉之间，在浓荫的梧桐之下，以树的姿态密密匝匝地伸向蓝天的杜鹃花也迎来了绚烂的花期，为绿色的山林增添了或红色、或粉色、或白色的斑斓色彩。微风过处，花影绰绰，如裙摆飘飘，让人沉醉。

山枇杷

唐·白居易

深山老去惜年华，况对东溪野枇杷。

火树风来翻绛焰，琼枝日出晒红纱。

回看桃李都无色，映得芙蓉不是花。

争奈结根深石底，无因移得到人家。

杜鹃是花亦是鸟的名字，"蜀国曾闻子规鸟，宣城还见杜鹃花"，可见杜鹃花、杜鹃鸟是诗的两种意象。杜鹃鸟又名"杜宇""布谷""谢豹"等，在文人墨客的情怀里啼血染枝。"芳草迷肠结，红花染血痕""杜宇竟何冤，年年叫蜀门"，杜牧在他的《杜鹃》诗里一再追问："山川尽春色，呜咽复谁论？"是啊，山川尽皆春，为何杜鹃啼血悲鸣，染山花红烂漫。

杜鹃

唐·杜牧

杜宇竟何冤，年年叫蜀门？

至今衔积恨，终古吊残魂。

芳草迷肠结，红花染血痕。

山川尽春色，呜咽复谁论?

唐代诗人温庭筠在《锦城曲》中写道：

锦城曲

唐·温庭筠

蜀山攒黛留晴雪，簌笋蕨芽萦九折。

江风吹巧剪霞绡，花上千枝杜鹃血。

杜鹃飞入岩下丛，夜叫思归山月中。

巴水漾情情不尽，文君织得春机红。

怨魄未归芳草死，江头学种相思子。

树成寄与望乡人，白帝荒城五千里。

看着这一丛丛红艳艳的杜鹃花，品味着关于它们的文字，织锦女工用自己青春的颜色和毕生的鲜血换成了锦匹，这精美的锦，恰似飘动着刚从天上剪下来的彩霞；锦上的花纹，又好像是满山绽开的杜鹃花。杜鹃花与杜鹃鸟一同出现的时候，则与杜鹃鸟相互呼应，一同表达哀愁。

杜鹃花

唐·成彦雄

杜鹃花与鸟，怨艳两何赊。

疑是口中血，滴成枝上花。

一声寒食夜，数朵野僧家。

谢豹出不出，日迟迟又斜。

海棠依旧

　　海棠是苹果属多种植物和木瓜属几种植物的俗称，明代《群芳谱》记载：海棠有四品——西府海棠、垂丝海棠、木瓜海棠和贴梗海棠。海棠花为我国著名观赏树种，各地都有栽培，常植人行道两侧、亭台周围、丛林边缘、水滨池畔等。

　　海棠迎风峭立，花姿明媚动人，楚楚有致，花开似锦，自古以来就是雅俗共赏的名花，素有"花中神仙""花贵妃"之称，海棠有"国艳"之誉，栽在皇家园林中常与玉兰、牡丹、桂花相配植，形成"玉堂富贵"的意境，历代文人多有脍炙人口的诗句描述海棠：

海棠

宋·强至

西蜀传芳日，东君著意时。

鲜葩猩荐血，紫萼蜡融脂。

绛阙疑流落，琼栏合护持。

无诗任工部，今有省郎知。

海棠画扇

明·薛蕙

西蜀繁花树，春深乱蕊红。

还怜彩扇上，宛似锦城中。

影转团团月，香含细细风。

江淹才力减，赋尔若为工。

　　朱自清在《看花》一文中，叙述他看花"最恋的是西府海棠。海棠的花繁的好，也淡的好，艳极了，却没有一丝荡意。疏疏的高干子，英气隐隐逼人……"海棠艳美高雅，陆游曾赞她"虽艳无俗姿，太皇真富贵"，并且用"猩红鹦绿极天巧，叠萼重跗眩朝日"的诗句形容海棠花的红花绿叶，花朵繁茂可与朝日争辉。

驿舍见故屏风画海棠有感

宋·陆游

厌烦只欲长面壁，此心安得顽如石。

杜门复出叹习气，止酒还开惭定力。

成都二月海棠开，锦绣裹城迷巷陌。

燕宫最盛号花海，霸国雄豪有遗迹。

猩红鹦绿极天巧，叠萼重跗眩朝日。

繁华一梦忽吹散，闭眼细思犹历历。

忧乐相寻岂易知，故人应记醉中诗。

夜阑风雨嘉州驿，愁向屏风见折枝。

　　海棠花美，海棠集梅、柳优点于一身，娴静而动人，常常用来形容娴静的淑女。海棠花艳，雨后清香犹存，唐明皇将沉睡的杨贵妃比作海棠，宋代刘子翚作诗《海棠》对此有更为形象的描述：

海棠

宋·刘子翚

幽姿淑态弄春晴，梅借风流柳借轻。

初种直教围野水，半开长是近清明。

几经夜雨香犹在，染尽胭脂画不成。

诗老无心为题拂，至今惆怅似含情。

　　西府海棠树态峭立，既香且艳，是海棠中的上品。花未开时，花蕾红艳，似胭脂点点，开后则渐变粉红，有如晓天明霞。无数文人为之倾倒，其中最别出心裁的恐怕是苏东坡了，他点起红烛夜赏海棠，照着美丽的海棠不愿让她睡着：

海棠

宋·苏轼

东风袅袅泛崇光，香雾空蒙月转廊。

只恐夜深花睡去，故烧高烛照红妆。

海棠的花形较大，新长出的嫩叶簇拥着四至七朵花缀满枝条。"千朵万朵压枝低"，长长的枝条弯垂下来，人在花下，香风阵阵，不时有花瓣随风飘落，有如花雨，妙不可言。宋代陆游对海棠花更是赞不绝口，写下了许多诗来赞颂海棠，其中《花时遍游诸家园》更是有十多首，如"看花南阳复东阡，晓露初干日正妍。走马碧鸡坊里去，市人唤做海棠颠"。陆游在成都的时候大概看到的贴梗海棠比较多，因此他在《海棠歌》中写道"海棠之花天下绝，枝枝染猩红"，认为海棠花比芍药花更美丽：

海棠歌

宋·陆游

我初入蜀鬓未霜，南充樊亭看海棠；

当时已谓目未睹，岂知更有碧鸡坊。

碧鸡海棠天下绝，枝枝似染猩猩血；

蜀姬艳妆肯让人，花前顿觉无颜色。

扁舟东下八千里，桃李真成仆奴尔。

若使海棠根可移，扬州芍药应羞死。

风雨春残杜鹃哭，夜夜寒衾梦还蜀。

何从乞得不死方，更看千年未为足。

清代大作家曹雪芹独爱海棠，在《红楼梦》中成立了海棠诗社，借五人的身份就一盆白海棠作出了六首风格迥异的《咏白海棠》，通篇不出现题目中所标之物，此六首海棠诗中，全部没有出现"海棠"的字样，却以海棠喻人，将红楼梦中的几个主要人物形象刻画得淋漓尽致。

推荐阅读：

《咏白海棠》——曹雪芹

咏白海棠　其一　（贾探春）

斜阳寒草带重门，苔翠盈铺雨后盆。

玉是精神难比洁，雪为肌骨易销魂。

芳心一点娇无力，倩影三更月有痕。

莫谓缟仙能羽化，多情伴我咏黄昏。

咏白海棠　其二　（薛宝钗）

珍重芳姿昼掩门，自携手瓮灌苔盆。

胭脂洗出秋阶影，冰雪招来露砌魂。

淡极始知花更艳，愁多焉得玉无痕？

欲偿白帝宜清洁，不语婷婷日又昏。

咏白海棠　其三　（贾宝玉）

秋容浅淡映重门，七节攒成雪满盆。

出浴太真冰作影，捧心西子玉为魂。

晓风不散愁千点，宿雨还添泪一痕。

独倚画栏如有意，清砧怨笛送黄昏。

咏白海棠　其四　（林黛玉）

半卷湘帘半掩门，碾冰为土玉为盆。

偷来梨蕊三分白，借得梅花一缕魂。

月窟仙人缝缟袂，秋闺怨女拭啼痕。

娇羞默默同谁诉？倦倚西风夜已昏。

白海棠和韵二首 （史湘云）

其一

神仙昨日降都门，种得蓝田玉一盆。

自是霜娥偏爱冷，非关倩女欲离魂。

秋阴捧出何方雪？雨渍添来隔宿痕。

却喜诗人吟不倦，岂令寂寞度朝昏？

其二

蘅芷阶通萝薜门，也宜墙角也宜盆。

花因喜洁难寻偶，人为悲秋易断魂。

玉烛滴干风里泪，晶帘隔破月中痕。

幽情欲向嫦娥诉，无奈虚廊月色昏。

雨结丁香

丁香是我国最常见的观赏植物，以露植在庭院、园圃，以盆栽摆设在书室、厅堂，或者作为切花插瓶。绽开于百花斗艳的仲春，芳菲满目，清香远溢，令人感到风采秀丽，清艳宜人。

江头四咏·丁香

唐·杜甫

丁香体柔弱，乱结枝犹坠。

细叶带浮毛，疏花披素艳。

深栽小斋后，庶近幽人占。

晚堕兰麝中，休怀粉身念。

丁香在我国分布很广，春天丁香花绽放在枝头，花朵细小而繁密，颜色有纯白、淡黄、淡紫、蓝紫、紫红，清艳雅丽，素香远溢，是人们喜欢的观赏植物之一。但在古代文人的眼中，它却成了寄托情感和梦想的载体。有古诗《丁香花》咏道："纤小淡白气味芳，不及芍药上红妆。花茶待客成新赏，更觉口泽一缕香。"在诗歌的国度里，丁香再也不是丛生落叶灌木，而是充满生命，充满了细腻情感的植物，是丰富、敏感的生命存在：

丁香花

明·许邦才

苏小西陵踏月回，香车白马引郎来。

当年剩绾同心结，此日春风为剪开。

咏白丁香花

清·陈至言

几树瑶花小院东，分明素女傍帘栊；

冷垂串串玲珑雪，香送幽幽露籁风；

稳称轻奁匀粉后，细添簿鬓洗妆中；

最怜千结朝来坼，十二阑干玉一丛。

宋代理学家邵雍有首诗叫《善赏花吟》，曾这样写道："人或善赏花，只爱花之妙。花妙在精神，精神人莫造。"邵雍所说的花的精神，是诗人与花朵对话，花朵成为诗人的生命之花。李商隐在《代赠》中描述了暮春使人落寞，而黄昏时分更使人孤寂的一幅画面：芭蕉未展，丁香不开，一位女子倚楼而立，不知不觉间已是如钩弯月高挂天上，满是与情人不能相见的牵肠挂肚：

代赠

唐·李商隐

楼上黄昏欲望休，玉梯横绝月如钩。

芭蕉不展丁香结，同向春风各自愁。

丁香未开时，花蕾密布枝头，称丁香结。于是丁香结就成为郁结的愁思，难以排解的离愁别恨。从李商隐开始，诗人们开始用丁香花含苞不放，比喻愁思郁结，用丁香结来写深重的离愁。

感恩多

唐·牛峤

两条红粉泪，多少香闺意。强攀桃李枝，敛愁眉。

陌上莺啼蝶舞，柳花飞。柳花飞，愿得郎心，忆家还早归。

自从南浦别，愁见丁香结。近来情转深，忆鸳衾。

几度将书托烟雁，泪盈襟。泪盈襟，礼月求天，愿君知我心。

无题

宋·钱惟演

误语成疑意已伤，春山低敛翠眉长。

鄂君绣被朝犹掩，荀令薰炉冷自香。

有恨岂因燕凤去，无言宁为息侯亡。

合欢不验丁香结，只得凄凉对烛房。

细细品味这些诗句，"丁香结"在诗人心中已构成一幅人物相融、情景相生而且相互增色的诗意画面。

宋代词人贺铸在一女子"深恩纵似丁香结，难展芭蕉一寸心"的诗句影响下写出了著名的《石州引》一词，聊寄愁思郁结的离愁别绪：

石州引

宋·贺铸

薄雨收寒，斜照弄晴，春意空阔。

长亭柳色才黄，远客一枝先折。

烟横水际，映带几点归鸿，东风销尽龙沙雪。

还记出关来，恰而今时节。

将发。

画楼芳酒，红泪清歌，顿成轻别。

回首经年，杳杳音尘都绝。

欲知方寸，共有几许新愁？

芭蕉不展丁香结。

枉望断天涯，两厌厌风月。

雨中的丁香花蕾空结在枝头，含苞未吐；花蕾缄结不开，人的愁怀郁结在细雨迷蒙中，"丁香空结雨中愁"一句，成为继李商隐之后，又一著名的意象。丁香之结，已不在黄昏春风之中，而是在花愈离披，春愈阑珊，愁愈深切的雨中：

摊破浣溪沙

后唐·李璟

手卷真珠上玉钩，依前春恨锁重楼。

风里落花谁是主？思悠悠。

青鸟不传云外信，丁香空结雨中愁。

回首绿波三楚暮，接天流。

夏之恋
XIA ZHI LIAN

"纷纷红紫已成尘，布谷声中夏令新。夹路桑麻行不尽，始知身是太平人。"有粉红色秘密的夏天到了，绿树荫浓夏日长，楼台倒影入池塘，水晶帘动微风起，满架蔷薇一院香——柳树的从嫩芽变成了绿油油的枝叶，树枝是害羞的少女扯片翠绿的裙子；学校的杏树长出了黄绿色的、小小的杏子。池塘里，荷叶绿了，荷花开了。

石榴花开

石榴原产自波斯（今伊朗）一带，公元前二世纪时传入中国，"何年安石国，万里贡榴花。迢递河源道，因依汉使槎"。石榴有许多美丽的名字：沃丹、安石榴、若榴、丹若等：

王母祝语·石榴花诗

宋元·王义山

待阙南风欲上场，阴阴稚绿绕丹墙。

石榴已著乾红蕾，无尽春光尽更强。

不因博望来西域。安得名花出安石。

朝元阁上旧风光，犹是太真亲手植。

石榴

宋·杨万里

深著红蓝染暑裳，琢成纹玳敌秋霜。

半含笑里清冰齿，忽绽吟边古锦囊。

雾觳作房珠作骨，水精为醴玉为浆。

刘郎不为文园渴，何苦星槎远取将。

丹是红色的意思，石榴花有大红、桃红、橙黄、粉红、白等颜色，火红色的最多，所以留给人们的印象是火红的，农历的五月是石榴花开最艳的季节，五月因此又雅称"榴月"。

五月石榴

唐·陆龟蒙

杨槐撑华盖，桃李结青子；

残红倦歇艳，石榴吐芳菲。

奇崛梅枝干，清新柳叶眉；

单瓣足陆离，双瓣更华炜。

热情染腮晕，柔媚点娇蕊；

醉入玛瑙瓶，红酒溢金罍。

风骨凝夏心，神韵妆秋魂；

朱唇启皓齿，灵秀瑶台妃。

　　每当走进五月，满树的石榴花蕾便缀满了清翠碧嫩的枝叶间，宛如点点荧火，那灿烂的容颜似少女般笑语嫣然。韩愈用"五月榴花照眼明，枝间时见子初成"描绘了五月初夏石榴花开的烂漫景象。那点点火红含苞待放的就像可爱的小喇叭，喷薄怒放的就如一团燃烧的火焰。那一抹夺目的鲜艳，那一份蓬勃的生机，怎不令人心醉：

题张十一旅舍三咏榴花

唐·韩愈

五月榴花照眼明，枝间时见子初成。

可怜此地无车马，颠倒青苔落绛英。

　　石榴花是五月花神，传说中的唐朝赐福镇宅圣君钟馗，民间为其所绘的钟馗画像，耳边都插着一朵艳红的石榴花，钟馗负责端午节的辟邪任务，因五月是石榴花盛开的季节，古人认为红色也能辟邪，便将钟馗和石榴花组合在一起，并冠以"五月花神"之称号。在中国传统文化中，石榴的寓意为"榴开百子"，在古典诗词中，石榴与红豆、红叶、红杏一样，以其夺目的红色寄托着人们浓烈缠绵的情意，文人们在自己的诗中对其大加赞赏：

庭榴

明·杨升庵

移来西域种多奇，槛外绯花掩映时。

不为深秋能结果，肯于夏半烂生姿。

翻嫌桃李开何早，独秉灵根放故迟。

朵朵如霞明照眼，晚凉相对更相宜。

西园石榴盛开

宋·欧阳修

荒台野径共跻攀，正见榴花出短垣。

绿叶晚莺啼处密，红房初日照时繁。

最怜夏景铺珍簟，尤爱晴香入睡轩。

乘兴便当携酒去，不须旌骑拥车辕。

石榴又有"海石榴"一称，秋后，石榴树会结出一个又一个诱人的石榴，但是在五月花开时节，它能做到的，便是尽力开花，一朵一朵，硕大无比，美艳动人，花香袭袭：

海石榴

唐·方干

亭际夭妍日日看，每朝颜色一般般。

满枝犹待春风力，数朵先欺腊雪寒。

舞蝶似随歌拍转，游人只怕酒杯干。

久长年少应难得，忍不丛边到夜观。

山寺看海榴花

唐·刘言史

琉璃地上绀宫前，发翠凝红已十年。

夜久月明人去尽，火光霞焰递相燃。

石榴花，不问结果，而只是追求美的过程，把青春的渴望和生命的热情挂在枝上，开成红艳艳的一片云，香甜甜的一阵风，来回报脚下的一方沃土和头顶上一片天空。它开得这样热烈，从未觉得疲惫。

榴花

金·元德明

山茶赤黄桃绛白，戎葵米囊不入格。

庭中忽见安石榴，叹息花中有真色。

生红一撮掌中看，模写虽工更觉难。

诗到黄州隔千里，画家辛苦费铅丹。

　　拥有美丽的花期，却错过了丰收的喜悦；没有那繁复华美的花瓣，却拥有春华秋实的甜蜜。今天那满树红艳艳的石榴花，将换来丰收的硕果：

石榴树

唐·白居易

可怜颜色好阴凉，叶剪红笺花扑霜。

伞盖低垂金翡翠，薰笼乱搭绣衣裳。

春芽细㸌千灯焰，夏蕊浓焚百和香。

见说上林无此树，只教桃柳占年芳。

合心即欢

　　合欢粉红色的绒花在夏日绽放，花语是：言归于好，合家欢乐。象征着永远恩爱、两两相对、夫妻好合。

　　相传虞舜南巡仓梧而死，娥皇、女英遍寻湘江，终未寻见。二妃终日恸哭，泪尽滴血，血尽而死，遂为其神。后来，人们发现她们的精灵与虞舜的精灵"合二为一"，变成了合欢树。合欢树叶，昼开夜合，相亲相爱。自此，人们常以合欢表示忠贞不渝的爱情。
清代的纳兰性德对此有过描述：

生查子

清·纳兰性德

惆怅彩云飞，碧落知何许？

不见合欢花，空倚相思树。

总是别时情，那得分明语。

判得最长宵，数尽厌厌雨。

合欢也叫夜合欢、夜合树、绒花树、鸟绒树、苦情花，可谓夜合枝头别有春，坐含
风露入清晨，任他明月能想照，敛尽芳心不向人：

菩萨蛮

唐·温庭筠

雨晴夜合玲珑日，万枝香袅红丝拂。闲梦忆金堂，满庭萱草长。

绣帘垂簏簌，眉黛远山绿。春水渡溪桥，凭栏魂欲销。

合欢花，它就像是一把粉红的折扇，棱角分明的扇骨，纷纷散散地交错在叶柄之上，
一缕缕的粉色丝绸从扇骨中滑落，合起扇骨，每一条丝绸都柔软顺服地偎在扇骨之上，
或者弱不禁风地向下坠去。

江城子　绣香曲

元·元好问

吐尖绒缕湿胭脂，淡红滋，艳金丝。

画出春风，人面小桃枝。

看做香奁元未尽，挥一首，断肠诗。

仙家说有瑞云枝，瑞云枝，似琼儿。

向道相思，无路莫相思。

枉绣合欢花样子，何日是，合欢时。

合欢叶似含羞草，花如锦绣团。扇形花边嵌上一根根细小的金丝，金粉相映，真是喜煞了旁人，她既有少女的活泼、俏皮、温柔，又有贵妇般的华贵、贵重，两者相搭，美轮美奂：

念奴娇·合欢花

魏晋·孙绰

三春过了，看庭西两树，参差花影。

妙手仙姝织锦绣，细品恍惚如梦。

脉脉抽丹，纤纤铺翠，风韵由天定。

堪称英秀，为何尝遍清冷。

最爱朵朵团团，叶间枝上，曳曳因风动。

缕缕朝随红日展，燃尽朱颜谁省。

可叹风流，终成憔悴，无限凄凉境。

有情明月，夜阑还照香径。

远望盛夏时节的合欢，一树绿叶红花，翠碧摇曳，带来些许清凉之意，走近她，她却欣欣然晕出绯红一片，好似含羞的少女绽开的红唇，又如腼腆少女羞出的红晕，真令人悦目心动，烦怒顿消：

题合欢

唐·李颀

开花复卷叶，艳眼又惊心。

蝶绕西枝露，风披东干阴。

黄衫漂细蕊，时拂女郎砧。

　　诚如清代李渔所说："萱草解忧，合欢蠲忿，皆益人情性之物，无地不宜种之……凡见此花者，无不解愠成欢，破涕为笑，是萱草可以不树，而合欢则不可不栽。"百花之中，唯独合欢亭亭玉立，兰心蕙性，即使无法留住一世，也要在最灿烂的一时，盛开出精彩的一夏，可谓是合心即欢。

郁金香怡

郁金香有很高的观赏价值，是当今风行全球的名花。它属百合科草本植物，株高盈尺，叶形长圆，每棵有叶3～5片，色泽粉绿。花蕾从基部伸出，着生于花柄的顶端，单生直立，每朵6瓣，内有雌蕊1枚，雄蕊6枚，花容端庄，色形俱佳，活像一个高脚的酒杯，鲜艳夺目，异彩纷呈，细赏之下有如春风扑面，令人心旷神怡。

在欧美的小说、诗歌、散文和绘画中，郁金香常被作为"胜利""美满"和"爱情"的象征。

郁金香（节选）

美国　西尔维亚·普拉斯

这些郁金香实在太易激动，这儿可是冬天。

但看一切多么洁白，多么安宁，多么像大雪封门。

我正在研习宁静平和，独自默默地静卧。

任光线照在这些白墙、这张病床、这双手上。

我是无名小卒；与任何爆炸我都牵扯不上。

我已经把我的名字和我的日常衣物交付给了护士，

而我的历史已交给麻醉师、身体给了诸位手术师。

……

我不曾想要什么鲜花，我只想

手心朝上躺在床上，完全彻底的空寂。

这是多么自由，你难以想象多么自由——

这种宁静平和如此之巨令你茫然无绪，

它一无所求，一个名字标签，一些小物件。

这是死者最终接近的事物；我能想象他们

含着它闭嘴，好像它是一只圣餐牌。

首先，郁金香太红，它们深深刺痛我。

甚至穿过那包装纸我都能听到它们的呼吸，

很轻，穿过它们的白色褓褓，像个可怕的婴儿。

它们的红色对着我的伤口诉说，它竟回应。

它们很机巧：它们看似飘浮，尽管压迫我，

以其颜色和那些猝不及防的舌头令我不得安宁，

一打红色的渔网铅坠子围着我的脖子。

以前没有人观察过我，现在我被人观察。

郁金香转过来对着我，而窗户在我背后。

光线每天在那里慢慢宽阔又慢慢狭窄，

而我看见我自己，扁平，可笑，一个剪纸的阴影

在太阳之眼与郁金香的睽睽众目之间，

我没有面孔，我一直想要抹除我自己。

活生生的郁金香吞噬我的氧气。

……

同时，四壁似乎也在使自身变暖。

郁金香应该关在栅栏之后，像危险的动物；

他们正在开放就像某种非洲大猫血口大开，

而我也注意到我的心：它那红花朵朵的碗

全然出于爱我而一收一放，一张一合。

我所尝的水是温暖而咸涩的，犹如海水，

它所来自的国度像健康一样遥远。

　　郁金香，对于大家而言并不陌生。中国古代，有不少诗歌中提到"郁金"和"郁金香"，它们指的是今天的郁金香吗？

　　我国古代的郁金是一种中药，为温郁金、姜黄、广西莪术或蓬莪术的干燥块根，是姜科姜黄属的植物，气味芳香，味辛辣，所以可以用来泡酒，所泡出来的酒带有一股气味：

客中行

唐·李白

兰陵美酒郁金香，玉碗盛来琥珀光。

但使主人能醉客，不知何处是他乡。

南歌子·柳色遮楼暗

唐·张泌

柳色遮楼暗，桐花落砌香。画堂开处远风凉，高卷水精帘额，衬斜阳。

岸柳拖烟绿，庭花照日红。数声蜀魄入帘栊，惊断碧窗残梦，画屏空。

锦荐红鸂鶒，罗衣绣凤凰。绮疏飘雪北风狂，帘幕尽垂无事，郁金香。

答熊本推官金陵寄酒

宋·王安石

郁金香是兰陵酒，枉入诗人赋咏来。

庭下北风吹急雪，坐间南客送寒醅。

渊明未得归三径，叔夜犹同把一杯。

吟罢想君醒醉处，锺山相向白崔嵬。

古代的"郁金"并非特指某种植物。而更像是一类芳香、染黄色的植物的泛称，和香草、兰草类似：

偶呈郑先辈

唐·杜牧

不语亭亭俨薄妆，画裙双凤郁金香。

西京才子旁看取，何似乔家那窈娘？

宫词

五代·花蕊夫人

安排诸院接行廊，外槛周回十里强。

青锦地衣红绣毯，尽铺龙脑郁金香。

李员外秦援宅观妓

唐·沈佺期

盈盈粉署郎，五日宴春光。

选客虚前馆，徵声遍后堂。

玉钗翠羽饰，罗袖郁金香。

拂黛随时广，挑鬟出意长。

唼歌遥合态，度舞暗成行。

巧落梅庭里，斜光映晓妆。

如雪流苏

流苏树是木犀科流苏树属植物，落叶灌木或乔木，原产于中国，国家二级保护植物。树形高大优美，枝叶茂盛，每到春夏之交流苏花开，白色的花瓣绽放像流苏一样飘逸，远远望去，如覆霜盖雪，所以流苏树还有一个别名叫做"四月雪"。近代张晓风曾经写过一篇《流苏与〈诗经〉》描述见到的情景：

流苏与《诗经》

张晓风

三月里的一个早晨，我到台大去听演讲，讲的是"词与画"。

听完演讲，我穿过满屋子的"权威"，匆匆走出，惊讶于十一点的阳光柔美得那样无缺无憾——但也许完美也是一种缺憾，竟至让人忧愁起来。

　　而方才幻灯片上的山水忽然之间都遥远了，那些绢，那些画纸的颜色都黯淡如一盒久置的香。只有眼前的景致那样真切地逼来，直把我逼到一棵开满小白花的树前，一个植物系的女孩子走过，对我说："这花，叫流苏。"

　　那花极纤细，连香气也是纤细的，风一过，地上就添上一层纤纤细细的白，但不知怎的，树上的花却也不见少。对一切单薄柔弱的美我都心疼着，总担心他们在下一秒钟就不存在了，匆忙的校园里，谁肯为那些粉簌簌的小花驻足呢？

　　我不太喜欢"流苏"这空虚名字，听来仿佛那些都是垂挂着的，其实那些花全向上开着，每一朵都开成轻扬上举的十字形——我喜欢十字花科的花，那样简单地交叉的四个瓣，每一瓣之间都是最规矩的九十度，有一种古朴诚恳的美——像一部四言的《诗经》。

　　如果要我给那棵花树取一个名字，我就要叫它诗经，它有一树美丽的四言。

　　据《植物名实图考》中记载："流苏树，叶如青枣大小，疏密无定，春深开花，一枝数朵，长筒长瓣、似李光而色白。雪柳之名，或以此。炭栗树生云南荒山。高七八尺，叶似桔叶而阔短，柔滑嫩润。春开四长瓣白花，细如剪纸、类纸末花而稀疏。"

　　流苏树的花开在农历四月，因盛开时挂满枝头，犹如古代仕女服饰的流苏而得名。因其白色的花覆于绿树冠之上，似有冤情而不带喜感，古今对其描述甚少，只能从与之相似的"流苏"古诗中寻找她的影子：

浣溪沙·髻子伤春慵更梳

宋·李清照

髻子伤春慵更梳，晚风庭院落梅初。淡云来往月疏疏。

玉鸭熏炉闲瑞脑，朱樱斗帐掩流苏。遗犀还解辟寒无？

菩萨蛮·红楼别夜堪惆怅

唐·韦庄

红楼别夜堪惆怅，香灯半卷流苏帐。

残月出门时，美人和泪辞。

琵琶金翠羽，弦上黄莺语。

劝我早还家，绿窗人似花。

浣溪沙·寂寞流苏冷绣茵

五代·阎选

寂寞流苏冷绣茵，倚屏山枕惹香尘，小庭花露泣浓春。

刘阮信非仙洞客，嫦娥终是月中人，此生无路访东邻。

　　一片春绿之中，高大错落的流苏树，傲然挺立，花满树冠，似团团白云游动，如层层雪花覆盖。花，不是一朵一朵的，是一丝一丝的，像东北的雾凇，蓬成团，团成冠，白云雪涛般盛大且极具规模。流苏树的花洁白、雅致，没有丝毫烟火气，仿佛素娥千队驾云而至，翩跹于树端。

初夏季节，香风引路，满树的落雪，如华盖一般随微风慢舞轻扬。及步近前细观，满树花朵，纯净清丽，摇曳迷人；花枝伸展，遮天蔽日，密无缝隙。愈到树下，香气怡人，如春风轻轻拂过面颊，不腻，不躁，不轻佻，不张狂。树间漫步，曲径通幽，别有洞天；花下小憩，心惬意安，清凉无比。心，一下子就静了。

菡萏成莲

荷花，属睡莲科多年生水生草本花卉。又名莲花、芙蕖、菡萏、水芙蓉、六月春、中国莲、六月花神等。荷花入诗，情彩飞扬，雅俗共赏。春秋时代，中国第一部辞书《尔雅》记有："荷，芙蕖。其茎茄，其叶蕸，其本蔤，其华菡萏，其实莲，其根藕，其中菂，菂中薏。"

夏季荷花盛开时，荷花香夹带着浓浓的酒香，香飘满园。最佳观赏荷花之处是杭州西湖，并形成了"曲院风荷"这一著名景点，历代文人都对其赞赏不休：

江南

汉·乐府诗

江南可采莲，莲叶何田田，鱼戏莲叶间。

鱼戏莲叶东，鱼戏莲叶西，鱼戏莲叶南，鱼戏莲叶北。

晓出净慈寺送林子方

宋·杨万里

毕竟西湖六月中，风光不与四时同。

接天莲叶无穷碧，映日荷花别样红。

莲，乃君子之花。唐代周敦颐说，"莲，花之君子者也。"宋代诗人苏辙也追慕莲的高洁"白莲生淤泥，清浊不相干""开花浊水中，抱性一何洁"：

盆池白莲

宋·苏辙

白莲生淤泥，清浊不相干。

道人无室家，心迹两萧然。

我住西湖滨，蒲莲若云屯。

幽居常闭户，时听游人言。

色香世所共，眼鼻我亦存。

邻父闵我独，遗我数寸根。

溪水不入园，庭有三尺盆。

儿童汲甘井，日晏泥水温。

反秋尚百日，花叶随风翻。

举目得秀色，引息收清芬。

此心湛不起，六尘空过门。

谁家白莲花，不受风霜残。

菡萏轩·开花浊水中

宋·苏辙

开花浊水中，抱性一何洁！

朱槛月明时，清香为谁发？

莲，为爱情之花。"莲"与"怜"同音，所以古诗中有不少诗人通过写莲，借以表达爱情。例如南朝乐府《西洲曲》中"低头弄莲子，莲子青如水"。其中"莲子"即"怜子"，"青"即"情"。用谐音双关，表达了对爱人的思念：

西洲曲

南朝·乐府诗

忆梅下西洲，折梅寄江北。

单衫杏子红，双鬓鸦雏色。

西洲在何处？西桨桥头渡。

日暮伯劳飞，风吹乌臼树。

树下即门前，门中露翠钿。

开门郎不至，出门采红莲。

采莲南塘秋，莲花过人头。

低头弄莲子，莲子清如水。

置莲怀袖中，莲心彻底红。

忆郎郎不至，仰首望飞鸿。

鸿飞满西洲，望郎上青楼。

楼高望不见，尽日栏杆头。

栏杆十二曲，垂手明如玉。

卷帘天自高，海水摇空绿。

海水梦悠悠，君愁我亦愁。

南风知我意，吹梦到西洲。

莲是生命之花。在夏日里年轻人与友伴们驾轻舟出没池塘深处采莲，娇艳的荷花映衬着年轻人娇艳的生命状态和如花的岁月，这是一种纯真开朗、热爱生活的天性最完美的体现。宋代女词人李清照也曾是一个生性活泼开朗、热爱生活的女子，她的《如梦令》记录了当时采莲的胜景：

如梦令

宋·李清照

常记溪亭日暮，沉醉不知归路。

兴尽晚回舟，误入藕花深处。

争渡，争渡，惊起一滩鸥鹭。

唐代王勃曾用乐府诗的体例写了一首《采莲曲》，描述江南农村和平宁静的劳动生活。通过对采莲女子的形象塑造和心理刻画，表现出她们对征夫的深切思念和无限幽怨：

采莲曲

唐·王勃

采莲归，绿水芙蓉衣。秋风起浪凫雁飞。

桂棹兰桡下长浦，罗裙玉腕轻摇橹。

叶屿花潭极望平，江讴越吹相思苦。

相思苦，佳期不可驻。

塞外征夫犹未还，江南采莲今已暮。

今已暮，采莲花。渠今那必尽娼家。

官道城南把桑叶，何如江上采莲花。

莲花复莲花，花叶何稠叠。

叶翠本羞眉，花红强如颊。

佳人不在兹，怅望别离时。

牵花怜共蒂，折藕爱连丝。

故情无处所，新物从华滋。

不惜西津交佩解，还羞北海雁书迟。

采莲歌有节，采莲夜未歇。

正逢浩荡江上风，又值徘徊江上月。

徘徊莲浦夜相逢，吴姬越女何丰茸！

共问寒江千里外，征客关山路几重？

　　莲也是理想之花。荷花有亭亭玉立的风姿、鲜艳的颜色、清丽高雅的韵致和超凡脱俗的气质。在许许多多诗人的笔下，荷花的这些特质之所以被反复描绘，就是因为荷花在诗人心中是一种美人的原型象征，一种美人的理想形象，一种美人的置换变形。《诗经·陈风·泽陂》开创了这种象征原型：

　　彼泽之陂，有蒲与荷。有美一人，伤如之何？寤寐无为，涕泗滂沱。

　　彼泽之陂，有蒲与蕑。有美一人，硕大且卷。寤寐无为，中心悁悁。

　　彼泽之陂，有蒲菡萏。有美一人，硕大且俨。寤寐无为，辗转伏枕。

茉莉清香

　　茉莉花，别名茉莉，为常绿小灌木，发源地可能为两河流域。茉莉的应用及文化历史极为悠久，其花是香水的主要香型及生产原料，雅典也称茉莉花城；希腊诸神所配戴的香囊以及沐浴所用精油也是由茉莉花制成；佛教中也用茉莉花礼佛供奉。汉初传入中国，深得国人所爱，宋代诗人江奎则曾云："他年我若修花史，列作人间第一香"：

茉莉花

宋·江奎则

灵种传闻出越裳，何人提挈上蛮航。

他年我若修花史，列作人间第一香。

从古至今茉莉天姿如丽人，素洁、浓郁、清芬、久远，它代表忠贞、尊敬、清纯、贞洁、质朴、玲珑、迷人。许多国家将其作为爱情之花，青年男女之间，互送茉莉花以表达坚贞爱情；它也作为友谊之花，在人们中间传递友情。宋代姚述尧在《行香子·茉莉花》中对茉莉花的天资玉骨有过更为详细的描述：

行香子·茉莉花

宋·姚述尧

天赋仙姿，玉骨冰肌。向炎威，独逞芳菲。轻盈雅淡，初出香闺。是水宫仙，月宫子，汉宫妃。

清夸苫卜，韵胜酴醾。笑江梅，雪里开迟。香风轻度，翠叶柔枝。与玉郎摘，美人戴，总相宜。

茉莉花，花型小巧玲珑，花色洁白无暇，叶片翠绿椭圆，花香清新芬芳。茉莉夏季盛开，"风流不肯逐春光，削玉团酥素淡妆"夸赞的就是茉莉花：

茉莉花

清·王士禄

冰雪为容玉作胎，柔情合傍琐窗隈。

香从清梦四时觉，花白美人头上开。

夏天是茉莉花盛开的季节，它玲珑雪白，瓣蕊雅丽，花儿在晚上开放，给闷热的夏夜带来幽香和清凉，因而赢得历代名人的赞美：

茉莉

宋·姜夔

虽无艳态惊群目，幸有清香压九秋；

应是仙娥宴归去，醉来掉下玉簪头。

末利花

宋·王十朋

日莫园人献宝珠，化成千亿小芙蕖。

使君燕寝无沉麝，凝此清香自有馀。

在民间，人们从田园里采来几朵茉莉花，晚上放在枕头旁，伴随芬芳进入梦乡。或者把茉莉花用线串成一串挂在胸前，或作簪花插在鬓间，别有一番风情：

茉莉花

宋·许裴

荔枝乡里玲珑雪，来助长安一夏凉。

情味于人最浓处，梦回犹觉鬓边香。

茉莉

宋·刘克庄

一卉能薰一室香，炎天犹觉玉肌凉；

野人不敢烦天女，自折琼枝置枕旁。

佳人爱美，会在头上戴花。唐代大诗人唐寅作《佳人插花图》，生动地描述了古代一位佳人，从暮春的困乏中醒来，懒洋洋地起床，梳洗打扮，画眉理鬓，在迈出闺房后手执一朵猩红色的茉莉花，欲插头上，却又问侍女："这花插在头上是否好看？"

佳人插花图

明·唐寅

春困无端压黛眉，梳成松鬘出帘迟。

手拈茉莉腥红朵，欲插逢人问可宜。

茉莉花的香气与灵气在百花中均占上等，在傍晚时分开花，第二天凋谢。仿佛很低调，并无绚丽夺目之态，也无意在白日之下争芳斗艳，只是在夜幕降临之时，渲染一院浓香。北宋叶廷珪因不愿与朝中奸臣为伍，毅然辞归故里，他在一首吟茉莉诗中表明自己保持晚节，凛然有骨气：

茉莉

宋·叶廷珪

露华洗出通身白，沈水薰成换骨香。

近说根苗移上苑，休渐系出本南荒。

凌霄仙子

凌霄是紫葳科、凌霄属攀缘藤本植物，性喜温暖湿润、有阳光的环境，稍耐阴。

凌霄花

宋·董嗣杲

根苗着土干柔纤，依附青松度岁年。

彤蕊有时承雨露，苍藤无赖拂云烟。

艳欹偷醉斜阳里，体弱愁缠立石颠。

翠贴红英高百尺，藏春坞上忆坡仙。

凌霄夏秋开花，花朵形状美观，花色红橙，鲜艳夺目，花枝从高处悬挂，柔条纤蔓，随风飘舞，倍觉动人。自古多为画家绘画、诗人作诗的题材，历代诗人写有赞颂凌霄的诗篇：

咏凌霄花

宋·贾昌朝

披云似有凌霄志，向日宁无捧日心。

珍重青松好依托，直从平地起千寻。

凌霄仙子

宋·杨绘

直绕枝干凌霄去，犹有根源与地平。

不道花依他树发，强攀红日斗修明。

陆游在诗中说，庭院青松，挺然独立，百尺凌霄，攀松成荫。清风吹来，凌霄花如赤玉杯飘然下垂，老蔓似苍龙。自古像凌霄一样的英雄豪杰大多都少为人知，不得理解，难展其志，抱才委地者依然很多，着实令人伤悲：

凌霄花

宋·陆游

庭中青松四无邻，凌霄百尺依松身。

高花风堕赤玉盏，老蔓烟湿苍龙鳞。

古来豪杰少人知，昂霄耸壑宁自期。

抱才委地固多矣，今我抚事心伤悲。

凌霄是藤本植物，喜攀缘，借攀缘篱笆、墙垣、高树等可附着之物而向上生长。因此唐代白居易作《凌霄花》诗，借指依傍权势者"爬得高，摔得重"：

有木名凌霄

唐·白居易

有木名凌霄，擢秀非孤标。

偶依一株树，遂抽百尺条。

托根附树身，开花寄树梢。

自谓得其势，无因有动摇。

一旦树摧倒，独立暂飘摇。

疾风从东起，吹折不终朝。

朝为拂云花，暮为委地樵。

寄言立身者，勿学柔弱苗。

在这首诗中写道凌霄靠一株别的树才能长出长枝条、花才能开放，而凌霄却自鸣得意，自以为没有什么力量能使它动摇。但是最终风起树倒，凌霄花也被风吹折。

此外，凌霄依托高树引蔓攀缘，与树缠绵共度美好的春天，也可作为互相帮助团结友爱的象征。伐去高树，凌霄花依然独立成株，花繁叶茂，我们做人也要坚持独立，不能靠依附过日子：

瞻木轩

明·高启

凌霄托高树，引蔓日已长。

缠绵共春荣，幽花蔼敷芳。

高树忽见伐，无依向风霜。

亭亭还自持，柔枝喜能强。

君子贵独立，倚附非端良。

览物成感叹，为君赋新章。

凤仙下凡

  凤仙花，凤仙花科一年生草本花卉，别名有指甲花、急性子、凤仙透骨草、小桃红等。凤仙花的姿容形态奇特别致，她的花形格外奇巧，花朵宛如飞凤，花有头有尾有翅有足，生动形象，活灵活现，就像一只凤凰在飞翔。

  夏秋之际，正是凤仙花盛开的日子。凤仙花颜色多样，有粉红、大红、紫色、粉紫等多种颜色，把她的花瓣捣碎，用树叶包在指甲上，能染上鲜艳的红色，非常漂亮，很受女孩子的喜爱。李贺不经意间看见了邻家女子对烛染指，信笔成诗，是为中国妇女用凤仙花"美甲"的最早记录：

宫娃歌

唐·李贺

蜡光高悬照纱空，花房夜捣红守宫。

象口吹香毻毻暖，七星挂城闻漏板。

寒入罘罳殿影昏，彩鸾帘额著霜痕。

啼蛄吊月钩阑下，屈膝铜铺锁阿甄。

梦入家门上沙渚，天河落处长洲路。

愿君光明如太阳，放妾骑鱼撇波去。

元代女词人陆琇卿曾作《醉花荫》一曲，描绘少女们用凤仙花染指甲，用仙葩和露水，使纤玉染绛霞，纤纤玉指仿佛是嵌上了一颗颗相思红豆：

醉花荫

元·陆琇卿

曲阑凤子花开后，捣入金盆瘦。

银甲暂教除，染上春纤，一夜深红透。

绛点轻襦笼翠袖，数颗相思豆。

晓起试新妆，画到眉弯，红雨春心逗。

用凤仙花染指甲是何人何时开始，尚无从考证，但从古人诗词中看，也是有着悠久的历史，元代杨维帧著有《凤仙花》诗，描述使用凤仙花染指甲的情景：

凤仙花

元·杨维桢

金盘和露捣仙葩，解使纤纤玉有暇。

一点愁疑鹦鹉喙，十分春上牡丹芽。

娇弹粉泪抛红豆，戏掐花枝缕绛霞。

女伴相逢频借问，几番错认守宫砂。

凤仙花的果实具有自动弹出种子的能力，果皮上有纵向缝，里面藏着许多椭圆形种子，成熟后遇烈日暴晒、风吹或其他外界触动，果皮裂缝自动张开，种子会弹出很远，因而被称为"急性子"。但是文人墨客仍对他赞不绝口：

凤仙花

唐·吴仁璧

香红嫩绿正开时，冷蝶饥蜂两不知。

此际最宜何处看，朝阳初上碧梧枝。

金凤花

宋·杨万里

细看金凤小花丛，费尽司花染作工。

雪色白边袍色紫，更饶深浅日般红。

南宋光宗年间，因李后讳凤，宫中便叫凤仙为"好女儿花"。清才女范葂香咏《凤仙花》有句：

凤仙花

清·范葂香

弱质纤茎深自保，昂昂骧首自徘徊。

也知性急难偕俗，犹喜人呼好女儿。

风仙花由于随时随地播种发芽，在贫瘠土地也能茁壮成长、开花结果，也被称为"菊婢"：

凤凰台上忆吹箫箫　赋凤仙花

元·凌云翰

菊婢标名，凤仙题品，纷纷随处成丛。甚玉钗浑小，宝髻微松。

依旧花分五彩，毗陵画、总付良工。谁为伴，鸡冠染紫，雁阵来红。

玲珑。英英秀质，多想是花神，翦彩铺茸。却易分高下，难辨雌雄。

疑把守宫同捣，端可爱、深染春葱。开还谢，从风乱飘，好上梧桐。

宋代徐致中对"菊婢"之称不满，他认为平平凡凡才是真，特作诗《金凤花》为其鸣不平：

金凤花

宋·徐玑

鲜鲜金凤花，得时亦自媚。

物生无贵贱，罕见乃为贵。

1910年左右的一个夏天，毛泽东到外婆家附近的保安寺玩耍，看到了寺院四周盛开着色彩斑斓的凤仙花。少年毛泽东望着不择土壤顽强生长、傲暑盛开的指甲花，不禁萌生写诗的欲望。毛泽东在诗中联想起古人各得其趣的咏花诗文：陶渊明独爱菊花；周敦颐独爱莲花。他在诗中表达自己偏爱枝叶弱小、意志坚强的指甲花：

咏指甲花

毛泽东

百花皆竞春，指甲独静眠。

春季叶始生，炎夏花正鲜。

叶小枝又弱，种类多且妍。

万草被日出，惟婢傲火天。

渊明独爱菊，敦颐好青莲。

我独爱指甲，取其志更坚。

　　毛泽东这首诗以浅显、明快的语言，描写了指甲花的生长特性和笑傲炎夏的坚强性格，结尾点明题旨，寄托自己高尚的理想和情操。他爱的正是凤仙花"万草被日出，惟婢傲火天"这种笑傲炎夏的坚强性格，借此寄托自己指点江山、激扬文字的高尚理想和中流击水、浪遏飞舟的豪情。及至《沁园春·长沙》《沁园春·雪》，毛泽东以天下苍生命运为己任的抱负表露无遗。

推荐阅读：

凤仙花

宋·袁燮

凤仙窈窕姿，阶前为谁容。浅深十八本，形貌纷不同。

或饶鲜明色，巧笑双颊丰。或作掩抑态，抬举差且慵。

忧彼积雨摧，爱此晴日烘。施粉聊自喜，夺朱巧争雄。

荧荧似得意，惨惨如无悰。妍媸孰与分，我欲为青铜。

西子信姝丽，无盐敢希踪。并育亦已难，我欲为老农。

美者倍丰殖，恶者加蕴崇。花神夜见梦，君可太匆匆。

正复容颜殊，等是紫与红。何贵复何贱，有淡还有浓。

气类岂相绝，涂泽间不工。胡为妄憎爱，襟度殊未洪。

君看宇宙间，物象无终穷。化工大炉鞲，一一归陶溶。

而君独褊心，不少垂帡幪。强分青白眼，力辨雌雄风。

物情固参差，宇宙要扩充。一笑谓花神，差尔何颛蒙。

品汇岂无别，畛域固有封。有生分美恶，异路生西东。

如何暗且劣，并彼昌而丰。剪伐咸自取，栽培本无功。

形声及影响，天然巧相从。人才有邪正，用舍归至公。

不闻堪与猛，下比显与宫。包含贵周遍，能否难混融。

花神闻是语，竦听鞠尔躬。再拜谢诲言，坚垒不敢攻。

昙花一现

昙花也称"月下待友""月下美人""韦陀花",为多年生常绿肉质植物,原产于喜马拉雅山麓及斯里兰卡。昙花花为白色,有20多瓣,极富香气。昙花很特别,总是选在黎明时分朝露初凝的那一刻开放,翌晨凋萎,观赏期只有几个小时,人们只有牺牲睡眠,才能欣赏到它那动人艳丽的姿态,故有"昙花一现"的典故,可指美好的事物出现的时间很短。

昙花诗三首(其一)

唐·李贺

昙花庭院夜深开,疑是仙姬结伴来。

玉洁冰清尘不染,风流诗客独徘徊。

昙花诗三首（其二）

宋·陆游

轻纱掀起看娇容，阵阵幽香自院中。

夜静群芳皆睡去，昙花一现醉诗翁。

昙花一现可倾城，美人一顾可倾国。最早在《诗经》当中就描述了类似的情形：寂寂昙花半夜开，月下美人婀娜来。

诗经·陈风·月出

月出皎兮，佼人僚兮。

舒窈纠兮，劳心悄兮。

月出皓兮，佼人懰兮。

舒忧受兮，劳心慅兮。

月出皎兮，佼人燎兮。

舒夭绍兮，劳心惨兮。

对昙花一现般的月下美人，作者为之倾倒而不可得，这种"求之不得，寤寐思服。优哉游哉，辗转反侧"的心情大抵跟想要拥有昙花美丽容颜一致。

昙花是佛家圣洁之花。《佛学大辞典》亦说，"此花为无花果类。产于喜马拉耶山麓及德干高原、锡兰等处，干高丈余，叶有二种：一平滑，一粗糙。皆长四五寸，端尖，雌雄异花，甚细，隐于壶状凹陷之花萼中。常误以为隐花植物。花萼大如拳，或如拇指，十余聚生。可食而味劣"。佛家弟子多对昙花进行吟诵：

偈颂一百五十首

宋·释心月

髻中珠，只者是。

如优昙花，时一现尔。

坐断意根，方能侧耳。

偈颂一百零四首

宋·释绍昙

关雎颂德，樛木垂阴。

八荒开寿域，万国奉君心。

亘古今为诸佛母，昙花时现觉园春。

偈颂七十六首

宋·释子益

正法轮，轻拨转。

日出中天，云开岳面，

如优昙花时一现。

偈颂二十五首

宋·释道璨

雨不来，旱弥烈。

草木枯，金石裂。

江流断，井泉竭。

尽大地，生意绝。

东湖上，乾坤别。

最清凉，无恼热。

优昙花正开，清香来不彻。

偈十六首

宋·释行瑛

大千沙界是吾家，隐显何曾有等差。

为报人天高著眼，优昙花异世间花。

　　每当夏末秋初月夜时分，昙花吐蕊，皎洁如霜，芳香袭人，恍若白衣仙女下凡。令人惋惜的是，这样美的花，却只开一个夜晚，次日凌晨就凋谢了，多令人伤感啊。

　　席慕蓉曾经歌咏昙花的冰肌玉质而自怜，自喻昙花不与群芳争艳、悄然离开污浊尘世，洁身自好的高尚品质：

昙花的秘密

席慕蓉

总是

要在凋谢后的清晨

你才会走过

才会发现昨夜

就在你的窗外

我曾经是

怎样美丽又怎样寂寞的

一朵

我爱也只有我

才知道

你错过的昨夜

曾有过怎样皎洁的月

——席慕容　1981.11.15

历代咏昙花的诗作不多，近代饶宗颐作《优昙花诗》可谓上乘之作。饶宗颐借"昙花"引起象外之义，感情沉郁，而寄托遥深，达到"情韵绝胜"的境界，产生十分动人的艺术魅力：

优昙花诗

饶宗颐

优昙花，锡兰产，余家植两株，月夜花放，及晨而萎，家人伤之。因取荣悴焉定之理，为以释其意焉。

异域有奇卉，托兹园池旁。

夜来孤月明，吐蕊白如霜。

香气生寒水，素影含虚光。

如何一夕凋，殂谢亦可伤。

岂伊冰玉质，无意狎群芳。

遂尔离尘垢，冥然返大苍。

大苍安可穷，天道邈无极。

衰荣理则常，幻化终难测。

千载未足修，转瞬距为逼。

达人解其会，葆此恒安息。

浊醪且自陶，聊以永兹夕。

紫薇葳蕤

紫薇花别名有很多，例如：鹭鸶花、五里香、红薇花、百日红、佛泪花、满堂红、怕痒花、猴刺脱、紫梢、痒痒花、宝幡花、五爪金龙、爆炸树。紫薇开花是夏秋之际，桃李虽艳，此时却已无踪影。唐代杜牧作《紫薇花》咏物抒情，用桃李来衬托紫薇的独特之处，以桃花李花来反衬紫薇花的美及花期之长，杜牧以紫薇自喻，因而也被称为"杜紫薇"。

紫薇花

唐·杜牧

晓迎秋露一枝新，不占园中最上春。

桃李无言又何在，向风偏笑艳阳人。

紫薇属落叶小乔木，树皮薄，会自行剥落，之后树干还会呈现出青灰色，此时如果用手指轻轻抓抚，紫薇树枝会微微颤动，好像感觉怕痒似的，所以有"怕痒树"之谐称。

紫薇的花期从夏到秋，约有半年之久，因此，紫薇又有"百日红"的别称。宋代诗人杨万里在他的咏紫薇诗中对此有过描述：

疑露堂前紫薇花两株，每自五月盛开，九月乃衰二首（其一）

宋·杨万里

晴霞艳艳覆檐牙，绛雪霏霏点砌沙。

莫管身非香案吏，也移床对紫薇花。

疑露堂前紫薇花两株，每自五月盛开，九月乃衰二首（其二）

宋·杨万里

似痴如醉弱还佳，露压风欺分外斜。

谁道花无红百日，紫薇长放半年花。

唐代开元元年，中书省因官署里多种植紫薇，故改名为紫薇省。以花名命名官署名，很是别致，且绝无仅有。唐代诗人白居易曾任中书舍人之职，在官名也冠上紫薇的雅号——中书侍郎为紫薇郎，有诗为证：

直中书省

唐·白居易

丝纶阁下文章静，钟鼓楼中刻漏长。

独坐黄昏谁是伴，紫薇花对紫薇郎。

紫薇花

唐·白居易

紫薇花对紫微翁，名目虽同貌不同。

独占芳菲当夏景，不将颜色托春风。

浔阳官舍双高树，兴善僧庭一大丛。

何似苏州安置处，花堂栏下月明中。

白居易以紫薇花写出了耄耋老翁的无奈，以乐景写哀情，乐的是盛夏的紫薇花，悲的却是被贬的无奈，心中无限戚戚。

紫薇花

宋·李流谦

庭前紫薇初作花，容华婉婉明朝霞。

何人得闲不耐事，听取蜂蝶来喧哗。

丝纶阁下文书静，能与微郎破孤闷。

一般草木有穷通，冷笑黄花伴陶令。

紫薇顶生圆锥大花序，花瓣皱裂颇多，体态轻盈，清风吹拂，婆娑弄舞，情趣盎然。花色有白、粉红、紫粉、紫红和紫蓝等，其中紫色为最为常见。在紫薇花盛开的季节里，

满树都是深深浅浅的紫红色，绿叶就真的成了一种陪衬、一种底色了，悄悄地隐到了热热闹闹的群花之后。小路仿佛在一夜之间就成了花的世界，被两条紫红的大彩带拥着，在淡淡花香中做着一年中最甜美的梦。

紫薇花二首（其一）

宋·袁燮

蒙茸曲径紫薇花，几载藤萝巧蔽遮。

暂借斧斤还旧观，依前万蕊吐新葩。

紫薇花二首（其二）

宋·袁燮

紫微花对紫薇郎，何事斋前一树芳。

造物似教人努力，他年准拟待君王。

在紫薇花开放的季节里，纵有再大的风雨，哪怕是让它落尽了一身的繁华，风雨过后，浸了一夜的月光，它很快又会热烈地开放起来，依然是那样开开心心地笑着，傲视着世人犹疑的目光。

入直

宋·周必大

绿槐夹道集昏鸦，敕使传宣坐赐茶。

归到玉堂清不寐，月钩初上紫薇花。

直玉堂作

宋·洪咨夔

禁门深锁寂无哗，浓墨淋漓两相麻。

唱彻五更天未晓，一墀月浸紫薇花。

秋冬韵
QIU DONG YUN

秋天的美是成熟的，冬天的美
是素雅的。金黄的初秋温柔地抚慰大
地，碧蓝天空里的云、山坡上秋霜洗黄的
野草、田地里的菊花、岸边的荻花在萧瑟的秋
风中婆娑起舞，展现着销魂的倩姿。漫天的飞雪埋
葬了百花错落的年华，与蜡梅邂逅了一段芬芳，编织
成一段浪漫的诗情画意……

桂花飘香

　　桂花是中国木犀属众多树木的习称，是木犀科常绿灌木或小乔木，最具代表性的有金桂、银桂、丹桂等。

　　桂花生于岩岭间，开花在中秋时节，因此农历八月，古称桂月。桂花主干挺拔、枝叶层层、花朵稠密，宋代理学大师朱熹用短短的20个字就将桂花树的形象生动地表现出来：

咏岩桂

宋·朱熹

亭亭岩下桂，岁晚独芬芳。

叶密千层绿，花开万点黄。

天香生净想，云影护仙妆。

谁识王孙意，空吟招隐章。

"芳香的桂花，金秋的明月"自古就与我国人民的文化生活联系在一起。许多文人墨客在中秋时竹纷纷吟诗填词颂扬桂花。

唐代诗人白居易游历杭州后在《忆江南》一诗中留下"忆江南，最忆是杭州。山寺月中寻桂子，郡亭枕上看潮头。何日更重游？"的诗句。在他赴任苏州刺史时，又将杭州天竺寺的桂子带到苏州城中种植，"遥知天上桂花孤，试问嫦娥更要无"，也曾遥想他日能在月宫种桂花：

东城桂三首

唐·白居易

子堕本从天竺寺，根盘今在阖闾城。

当时应逐南风落，落向人间取次生。

霜雪压多虽不死，荆榛长疾欲相埋。

长忧落在樵人手，卖作苏州一束柴。

遥知天上桂花孤，试问嫦娥更要无。

月宫幸有闲田地，何不中央种两株。

唐代诗人宋之问对桂花更是情有独钟，他在《灵隐寺》一诗中还写出了"桂子月中落，天香云外飘"的千古绝唱句：

灵隐寺

唐·宋之问

鹫岭郁岧峣，龙宫锁寂寥。

楼观沧海日，门对浙江潮。

桂子月中落，天香云外飘。

扪萝登塔远，刳木取泉遥。

霜薄花更发，冰轻叶未凋。

夙龄尚遐异，搜对涤烦嚣。

待入天台路，看余度石桥。

桂花没有牡丹的雍容华贵，没有梅花的冷傲清高，只在千层翠绿间，衬托着万点淡黄，一阵微风吹过，桂花独特的香味沁人肺腑，片刻间便融入身上的每一个细胞，古代诗人们也尽其所能描述桂花香：

鹧鸪天·桂花

宋·李清照

暗淡轻黄体性柔，情疏迹远只香留。何须浅碧深红色，自是花中第一流。

梅定妒，菊应羞，画栏开处冠中秋。骚人可煞无情思，何事当年不见收。

岩桂

宋·邓肃

雨过西风作晚凉，连云老翠出新黄。

清风一日来天阙，世上龙涎不敢香。

中秋宴集

明·谢榛

满空华月好登楼，坐倚高寒揽翠裘。

江汉光翻千里雪，桂花香动万山秋。

黄龙塞上征夫泪，丹凤城中少妇愁。

词客共耽今夜酒，谩弹瑶瑟唱伊州。

桂花以清雅高洁的品质，端庄秀美的树形，浓郁的花香，千百年来深受人们的喜爱。如唐朝大诗人李白作《咏桂》，采用比兴之法，托物言志，以抒发诗人洁身自好、蔑视权贵的情感：

咏桂

唐·李白

世人种桃李，皆在金张门。

攀折争捷径，及此春风暄。

一朝天霜下，荣耀难久存。

安知南山桂，绿叶垂芳根。

清阴亦可托，何惜树君园。

古代诗人通过咏桂花来表达自己的人生际遇，唐代白居易作《浔阳三题·庐山桂》，并以庐山桂自喻，一方面显示出诗人自己高洁的情怀，一方面又婉转含蓄地表达了自己的苦闷心情，渲泄胸中的不平之气：

浔阳三题·庐山桂

唐·白居易

偃蹇月中桂，结根依青天。

天风绕月起，吹子下人间。

飘零委何处，乃落匡庐山。

生为石上桂，叶如剪碧鲜。

枝干日长大，根荄日牢坚。

不归天上月，空老山中年。

庐山去咸阳，道里三四千。

无人为移植，得入上林园。

不及红花树，长栽温室前。

元代诗人谢宗可在《月中桂花》诗中表达自己要做"凌云壮志"第一人的抱负：

月中桂花

元·谢宗可

金粟如来夜化身，嫦娥留得护冰轮。

枝横大地山河影，根老层霄雨露春。

长有天香飞碧落，不教仙子种红尘。

折来何必吴刚斧，还我凌云第一人。

伤秋海棠

秋海棠类，包括秋海棠科秋海棠属植物，原产南美洲，多年生草本，也就是我们家中经常种在花盆里的四季秋海棠、球根秋海棠、竹节秋海棠、蟆叶秋海棠等。秋海棠秋天开花，花形多姿，叶色柔媚。盆栽秋海棠常用来点缀客厅、橱窗或装点家中窗台、阳台、茶几等地方。

秋海棠的花语是：游子思乡、离愁别绪、温和、美丽、快乐。秋海棠象征苦恋。当人们爱情遇到波折时，常以秋海棠花自喻。古人称它为断肠花，常借花抒发男女离别的悲伤情感：

秋海棠

明·严易

不分春花与共名，微凉秋思倍多情。

奚须高烛殷勤照，新月青妍相映明。

苏轼诗里的海棠是看不到希望的，只能顾影自怜；而严易笔下的海棠与之相反，写出了月下海棠的清妍、多情，整首诗展示给读者一个诱人的美丽图景。

元曲《出队子·秋海棠》将秋海棠朵娇红窈窕、花朵娇小、颜色红艳、姿态美丽的形象表现得淋漓尽致：

出队子·秋海棠

海棠秋灿，玲珑娇气侃。

红妆素裹粉姿蛮，粉墨登场寻唱晚，一路风情追笑颜。

心儿将伴，情儿随性还。

兴高采烈味儿翻，妙趣横生幽雅返，谁不多瞧她几眼？

秋海棠暗有清香，文人常常借物喻人，以秋海棠借指品行高洁的人。清代诗人袁枚在《秋海棠》一诗中用清香喻指一种高洁的品德，幽人指高洁的隐士。借赞美海棠，来表现袁枚自己高洁的品质，淡泊的情怀；近代女革命家秋瑾更是借《秋海棠》一诗表现自己作为一个独立的女性，在严酷的革命路上不怕严霜的革命斗志：

秋海棠

清·袁枚

小朵娇红窈窕姿，独含秋气发花迟。

暗中自有清香在，不是幽人不得知。

秋海棠

秋瑾

栽植恩深雨露同，一丛浅淡一丛浓。

平生不借春光力，几度开来斗晚风？

《花镜》上记载："俗传昔日有女子，怀人不至，涕泪洒地，遂生此花，故色艳如女面，名为断肠花。"这里所说的断肠花就是秋海棠。宋朝爱国诗人陆游和断肠花之间还有一段令人感伤的故事。陆游年轻时与表妹唐琬结婚，唐琬是一位知书达理、清静娴淑的女子。与陆游结婚后，两人夫唱妇随、情投意合。无奈，陆游的母亲却不喜欢唐琬，生生拆散了一对相爱的人。两人迫不得已分离，临行前唐琬送给陆游一盆花，表达思念之情。陆游问唐琬："这是什么花？"唐琬凄凉地答道："这是断肠红。"陆游听后，告诉唐琬："这花名叫'相思红'更为合适，更能表达两人之间的感情。"离别时，陆游托唐琬照看"相思红"。一别十载后，陆、唐二人分别再婚，当陆游重返故乡，却发现当年那盆秋海棠（相思红）仍娇艳可人，不由凄苦万分，写下著名的诗文《钗头凤·红酥手》：

红酥手，黄滕酒，满城春色宫墙柳。东风恶，欢情薄。一怀愁绪，几年离索。错、错、错。

春如昨，人空瘦，泪痕红浥鲛绡透。桃花落，闲池阁。山盟虽在，锦书难托。莫、莫、莫！

木槿舜英

　　木槿，是一种常见的庭院花灌木，锦葵科木槿属，别名白槿花、榈树花、大碗花、篱障花、清明篱、白饭花、鸡肉花、猪油花、朝开暮落花等。木槿花色彩艳丽，是作为自由式生长的花篱的极佳植物，适宜种植于道路两旁、公园、庭院等处，可孤植、列植或片植。

　　木槿花色彩丰富，花型秀美，枝叶繁茂，花期较长，开花时满树紫、红、白花，艳丽夺目，娇媚悦人。我国栽培历史悠久，古代文人常用以喻女子的美貌。如《诗经·郑风》"有女同车，颜如舜华。有女同行，颜如舜英"中的舜华、舜英，指的就是木槿花：

诗经·郑风·有女同车

有女同车，颜如舜华。

将翱将翔，佩玉琼琚。

彼美孟姜，洵美且都。

有女同行，颜如舜英。

将翱将翔，佩玉将将。

彼美孟姜，德音不忘。

木槿花有的呈现淡紫色，有的深紫色，生长速度较快，枝叶繁茂。历史上赞咏木槿的诗词有很多，唐朝大诗人白居易对其也大加赞咏，只是咏叹里亦有清澈凉意。

秋槿

唐·白居易

风露飒已冷，天色亦黄昏。中庭有槿花，荣落同一晨。

秋开已寂寞，夕陨何纷纷。正怜少颜色，复叹不逡巡。

感此因念彼，怀哉聊一陈。男儿老富贵，女子晚婚姻。

头白始得志，色衰方事人。后时不获已，安得如青春。

朝鲜因喜爱木槿朝开暮落，不断开放而称她为无穷花，并将其定为国花。唐代崔道融也提到木槿花"一日一回新"，大概木槿花每一次凋谢都是为了下一次更绚烂地开放：

槿花

唐·崔道融

槿花不见夕，一日一回新。

东风吹桃李，须到明年春。

到唐朝时，木槿花词义已悄然发生变化，唐朝诗人钱起发现了木槿花畏惧日光，不能长时间照射日光：

避暑纳凉

唐·钱起

木槿花开畏日长，时摇轻扇倚绳床。

初晴草蔓缘新笋，频雨苔衣染旧墙。

十旬河朔应虚醉，八柱天台好纳凉。

无事始然知静胜，深垂纱帐咏沧浪。

孟郊在《审交》一诗中称其"小人槿花心，朝在夕不存"。从此木槿花被称为朝开暮落花，用以形容人心易变：

审交

唐·孟郊

种树须择地，恶土变木根。

结交若失人，中道生谤言。

君子芳桂性，春荣冬更繁。

小人槿花心，朝在夕不存。

莫蹑冬冰坚，中有潜浪翻。

唯当金石交，可以贤达论。

李时珍《本草纲目》说木槿花"此花朝开暮落，故名。……曰槿、曰蕣，仅荣华一瞬之义也"，这一特征在李商隐的《槿花》中也有体现，既然荣华富贵只是一时之快，人们应珍惜人生，身外之物，不必太过重视：

槿花

唐·李商隐

风露凄凄秋景繁，

可怜荣落在朝昏。

未央宫里三千女，

但保红颜莫保恩。

木槿花

宋·金朋说

夜合朝开秋露新，幽庭雅称画屏清。

果然蠲得人间忿，何必当年宠太真。

其实，木槿花生命力极强，象征着历尽磨难而矢志弥坚的性格，也象征着红火，象征着念旧，重情义：

杂诗（三十三首）

明·刘基

英英木槿花，振振蜉蝣羽。

乘彼三秋露，及此六月雨。

容好能几时，生成亦良苦。

十年构阿房，一日化为土。

染须作童颜，于身竟何补。

不如顺天命，保己良多祐。

夹竹桃谜

　　夹竹桃，夹竹桃科夹竹桃属。原名应为"甲子桃"，传说60年结一次果，因甲子桃果实极为少见，有的地方误称"夹竹桃"，但也有地方保留甲子桃的称呼。其的叶片像竹，花朵如桃，她的得名还有一个美丽的传说：

据说，夹竹桃花原本是很纯洁的白色。有一位公主爱上了自己的家臣，由于家族的反对，脆弱的公主想和自己的心上人一起殉情。但是家臣并不是真心喜欢她，仅仅是为了自己的利益而扮演了这个心上人的角色。悲伤的公主在夹竹桃下自杀，只有她一个人的血浸润了花朵，夹竹桃从此就开着粉红和雪白的花。误托终身，公主在地下不停地怨怼，怨恨生成毒汁随着夹竹桃的根茎衍生，在人世间艳丽而警惕地开着。很多年以后，那个家臣途经公主的坟前，被那叶怀竹之风骨、花有桃之美貌的夹竹桃所吸引，被红白色的花儿所陶醉，俯身而闻，结果中毒身亡。

民间流传入门宜有三见：一是开门见红，也叫开门见喜；二是开门见画；三是开门见绿。即一开门就见到绿色植物，生趣盎然，又有养眼护目之功效。夹竹桃的叶上还有一层薄薄的"蜡"。这层蜡能替叶子保水、保温，使植物能够抵御严寒。所以，夹竹桃不怕寒冷，在冬季，照样绿姿不改，自古以来便被种植在庭院或门边。宋代曹勋在《夹竹桃花》一诗中写出了夹竹桃植株萧疏，花色艳丽，既有青竹潇洒、峻拔的风姿，又有桃花娇娆、热烈的气氛，给庭院之中增加了鲜活的美感与生机：

夹竹桃花

宋·曹勋

绛彩娇春，苍筠静锁，掩映夭姿凝露。

花腮藏翠，高节穿花遮护。

重重蕊叶相怜，似青帔艳妆神仙侣。

正武陵溪暗，淇园晓色，宜望中烟雨。

暖景、谁见斜枝处。

喜上苑韶华渐布。

又似瑞霞低拥，却恐随风飞去。

要留最妍丽，须且闲凭佳句。

更秀容、分付徐熙，素屏画图取。

夹竹桃的叶长得很有趣，三片叶子组成一个小组，环绕枝条，从同一个地方向外生长。夹竹桃喜欢充足的光照，温暖和湿润的环境。北宋文人李觏曾在《弋阳县学北堂见夹竹桃有感而书》的五言古诗中对其详细描述：

弋阳县学北堂见夹竹桃有感而书

宋·李觏

暖碧覆晴殷，依依近朱栏。

异类偶相合，劲节何能安。

同时尽妖艳，无地容檀栾。

移根既不可，洁心诚为难。

外貌任春色，中心期岁寒。

正声尚可听，谁是伶伦官。

明王象晋的《群芳谱》对夹竹桃的记述较完备详细："夹竹桃花五瓣，长筒，瓣微尖，淡红娇艳，类桃花。叶狭长，类竹，故名夹竹桃。"明代王世懋有五言律诗咏夹竹桃：

名花逾岭至，猗娜自成荫。

不分芳春色，犹余晚岁心。

绛分疏翠小，青入嫩红深，

本识仙原种，无妨共入林。

又曰：

寂莫谁相间，清斋隔市嚣，

忽遗芳树至，应识雅情高。

布叶疏疑竹，分花嫩似桃，

野人看不厌，常此对村醪。

夹竹桃全株及乳白色树液有剧毒，新鲜树皮的毒性比叶强，干燥后毒性减弱，花的毒性较弱。文学作品中提及夹竹桃，常常写道用夹竹桃毒杀他人，而给人们留下不好的印象。明代冯梦龙编过一本山歌，名为《夹竹桃顶真千家诗山歌》，简称《夹竹桃》。但也只是名带夹竹桃，不知何所取义。一说夹竹桃花开烂漫，象征了山歌的爱情主题，但其实他的夹竹桃可谓"一部风流谱"。

山茶花铭

　　山茶花也叫茶花，有玉茗花、耐冬、曼陀罗等别名。原产于中国，也是世界名花之一。山茶在中国栽培历史悠久，据考证，我国在唐代就已有栽植，现有山茶品种300余种，以产于云南的山茶花多而佳，有"云南茶花之盛甲于全国"之说。

初识茶花

宋·陈与义

伊轧篮舆不受催，

湖南秋色更佳哉。

青裙玉面初相识，

九月茶花满路开。

山茶原产自我国南方，为常绿灌木或乔木，树姿优美，荫稠叶翠，花朵大如盘盏，娇艳富丽，有"花中珍品"之誉。其花色纯真，白者如雪，赤者如朱砂，黄者如金，还有红白相间、白带红晕、红夹浅灰的；花枝秀雅，单瓣者如盅似杯，重瓣者起伏交错如牡丹，排列有序如蔷薇，花中抱花如含珠。在"中国十大名花"评选中，山茶名列第七：

山茶花树子赠李延老

宋·梅尧臣

南国有嘉树，花若赤玉杯。

曾无冬春改，常冒霰雪开。

客从天目来，移比琼与瑰。

赠我居大梁，蓬门方尘埃。

举武尚有碍，何地可以栽。

每游平棘侯，大第夹青槐。

朱栏植奇卉，靡碧为壅台。

于此岂不宜，亟致勿徘徊。

将看荣茂时，莫嗤寒园梅。

山茶花多为红色，有浅红、深红、紫红等，古代文人夸赞山茶大多将其比作红牡丹，或者猩红血，以突出其热烈与名贵：

红茶花

唐·司空图

景物诗人见即夸，岂怜高韵说红茶。

牡丹枉用三春力，开得方知不是花。

山茶花

唐五代·贯休

风裁日染开仙囿，百花色死猩血谬。

今朝一朵堕阶前，应有看人怨孙秀。

山花子·咏红边分心小朵山茶

明·杨慎

瑞雪晴林暮霭消，锦云香坞彩霞飘。

绝代佳人空谷里，路迢迢。

鹤顶研砂添赤髓，猩唇带酒晕红潮。

小朵分心堪采掇，当琼瑶。

自宋代起我国古人栽植山茶品种日渐繁多，玉茶、白茶，尤其是以白茶花为上品，吟诵白茶花的诗文多了起来，如曾巩的《以白山茶寄吴仲庶见觊佳篇依韵和酬》、范成大的《玉茗花》、黄庭坚的《白山茶赋》等：

以白山茶寄吴仲庶见觊佳篇依韵和酬

宋·曾巩

山茶纯白是天真，筠笼封题摘尚新。

秀色未饶三谷雪，清香先得五峰春。

琼花散漫情终荡，玉蕊萧条迹更尘。

远寄一枝随驿使，欲分芳种恨无因。

山茶花大形胜，雍容华贵，有牡丹之姿，却始开于初冬，这与牡丹迥然有别。山茶生于南方温和之地，冬花为少见之物，而江南寒流一至，也会出现风雪交加，凛冽逼人。所以古人夸它"腊月冒寒开，楚梅犹不奈""散火冰雪中，能传岁寒姿""老叶经寒壮岁华，猩红点点雪中葩"：

红山茶

明·沈周

老叶经寒壮岁华，猩红点点雪中葩。

愿希葵藿倾忠胆，岂是争妍富贵家。

隐逸之菊

　　菊花是中国十大名花之一，花中四君子（梅兰竹菊）之一。

　　根据经典的记载，中国栽培菊花已有3000多年历史。最早的记载见于《周官》《埤雅》。《礼记·月令》："季秋之月，鞠有黄华"，说明菊花是秋月开花，花是黄色的。从周朝至春秋战国时代的《诗经》和屈原的《离骚》中都有菊花的记载。《离骚》中更是有"朝饮木兰之坠露兮，夕餐秋菊之落英"之名句，至此诗文中开始展露文人浪漫的情怀，魏晋时期菊花除了入酒，也开始被当作观赏花卉，成为了节日怡情之物：

菊花赋

三国·魏钟会

　　何秋菊之可奇兮，独华茂乎凝霜。挺葳蕤于苍春兮，表壮观乎金商。延蔓葱郁，绿坂被岗。缥干绿叶，青柯红芒，华实离离，晖藻煌煌。微风扇动，照曜垂光……

菊花不以娇艳的姿色取媚于时，而是以素雅坚贞的品性见美于人。因菊花具有清寒傲雪的品格，才有陶渊明的"采菊东篱下，悠悠见南山"的名句。陶渊明因此句被戴上"隐逸之宗"的桂冠，菊花也被称为"花之隐逸者"，菊花的品性已经和陶渊明的人格交融为一。因此，菊花有"陶菊"之雅称，"陶菊"象征着陶渊明不为五斗米折腰的傲岸骨气：

和郭主簿二首 其二

东晋·陶渊明

和泽周三春，清凉素秋节。

露凝无游氛，天高肃景澈。

陵岑耸逸峰，遥瞻皆奇绝。

芳菊开林耀，青松冠岩列。

怀此贞秀姿，卓为霜下杰。

衔觞念幽人，千载抚尔诀。

检素不获展，厌厌竟良月。

在古神话传说中菊花还被赋予了吉祥、长寿的含义。中国人有重阳节赏菊和饮菊花酒的习俗。唐代诗人孟浩然《过故人庄》写道："待到重阳日，还来就菊花。"古时文人慕菊花之高风亮节，亦多种菊自赏，并夸赞菊花是"芳熏百草，色艳群英"：

过故人庄

唐·孟浩然

故人具鸡黍，邀我至田家。

绿树村边合，青山郭外斜。

开轩面场圃，把酒话桑麻。

待到重阳日，还来就菊花。

　　菊花经历风霜，有顽强的生命力，高风亮节，古人用淡雅朴素、饶有韵味的语言在诗中描绘菊花的情态，表达对菊花的喜爱：

菊花

唐·元稹

秋丛绕舍似陶家，遍绕篱边日渐斜。

不是花中偏爱菊，此花开尽更无花。

　　古人们赞叹菊花的美，赞叹这遗世独立的风姿。万木萧疏、群芳凋谢的金秋季节，只有菊花傲然独放，因此赋予这许多人格化的崇高品德，如高洁、伟岸、隐逸、素雅、刚毅等，在她身上寄托了人们美好的远望和理想：

菊花

宋·唐琬

身寄东篱心傲霜，不与群紫竞春芳。

粉蝶轻薄休沾蕊，一枕黄花夜夜香。

红菊

元·谢宗可

锦烂重阳节到时，繁华梦里傲霜枝。

晚香带冷凝丹粒，秋色封寒点绛蕤。

淡映残虹迷老圃，浓拖斜照落东篱。

灵砂换却渊明骨，倦倚西风不自知。

历史上写菊花的人很多，唐朝农民起义领袖黄巢喜欢菊花，写过多首咏叹菊花的诗。最有名的《不第后赋菊》，是黄巢率领几十万农民起义军围困长安，诗兴大发而作，借咏叹菊花来形容势不可挡的义军力量。此诗十分妙，虽是咏菊，但全诗不见一个"菊"字：

不第后赋菊

唐·黄巢

待到秋来九月八，我花开后百花杀。

冲天香阵透长安，满城尽带黄金甲。

芙蓉拒霜

芙蓉，又名木芙蓉、拒霜花。属锦葵科，落叶大灌木或小乔木，高可达7米。芙蓉花朵极美，单层花瓣和多层花瓣，是深秋主要的观花树种。它一日三变，晨粉白、昼浅红、暮深红，其娇艳之姿，常令人流连忘返。

木芙蓉

宋·王安石

水边无数木芙蓉，露染胭脂色未浓。

正似美人初醉着，强抬青镜欲妆慵。

芙蓉花盛开于农历九至十一月，彼时正值深秋。深秋百花凋谢，芙蓉花却傲霜绽放，如白居易所说"莫怕秋无伴愁物，水莲花尽木莲开"。因而在文人的笔下，芙蓉拥有"拒霜"的独特性格。如苏东坡赞芙蓉花性格是"唤作拒霜知未称，看来却是最宜霜"：

木芙蓉花下招客饮

唐·白居易

晚凉思饮两三杯，召得江头酒客来。

莫怕秋无伴醉物，水莲花尽木莲开。

和陈述古拒霜花

宋·苏轼

千林扫作一番黄，只有芙蓉独自芳。

唤作拒霜知未称，细思却是最宜霜。

木芙蓉

唐·韩愈

新开寒露丛，远比水间红。

艳色宁相妒，嘉名偶自同。

采江官渡晚，搴木古祠空。

愿得勤来看，无令便逐风。

在文人眼中，芙蓉美丽而孤独，深受风霜欺凌。唐代柳宗元同情她的遭遇而移栽到自己住所轩前，并以芙蓉自比，怜花而自怜。其实诗人爱花、护花，实为自爱自慰：

湘岸移木芙蓉植龙兴精舍

柳宗元

有美不自蔽，安能守孤根。

盈盈湘西岸，秋至风露繁。

丽影别寒水，秾芳委前轩。

芰荷谅难杂，反此生高原。

"美在照水，德在拒霜"是对芙蓉花的最高赞赏。芙蓉花性喜近水，种在池旁水畔最为适宜。花开时水影花颜，互相掩映，虚实有致，有"照水芙蓉"之称。古人喜菊，因她开在深秋、刚劲。实际上，菊开九月，芙蓉开十月，比菊更有凌霜怒放的性情。她不仅"艳态偏临水"，还"幽姿独拒霜"，古人对芙蓉的赞美更是不惜笔墨：

木芙蓉菩萨蛮

宋·范成大

冰明玉润天然色，凄凉拼作西风客。

不肯嫁东风，殷勤霜露中。

绿窗梳洗晚，笑把琉璃盏。

斜日上妆台，酒红和困来。

木芙蓉

唐·刘兼

素灵失律诈风流，强把芳菲半载偷。

是叶葳蕤霜照夜，此花烂熳火烧秋。

谢莲色淡争堪种，陶菊香秾亦合羞。

谁道金风能肃物，因何厚薄不相侔。

芙蓉花拒霜之德正是她独殿群芳的根本。曹雪芹选取"芙蓉"这个意象作为黛玉的象征，他把黛玉与"风露清愁"的芙蓉并称，这是赞赏她不入俗眼的花中逸品，遗世独立、满怀幽怨、高洁而又有风骨。

冰洁玉簪

玉簪是百合科多年生宿根草本植物。叶丛生，卵形或心脏形。花茎从叶丛中抽出，总状花序。夏季到秋季开花，色白如玉（也有淡紫色的花），未开时如簪头，有芳香。又叫白鹤花、玉春棒、白玉簪，因为她清香怡人，花色洁白如玉，形似我国古时仕女发髻上的玉簪而得名。

玉簪原产我国和日本，现在世界各国均有栽培。性喜阴湿，耐寒，忌烈日暴晒。由于玉簪有微毒，因而她只适合庭院栽培，不宜将她常放于客厅或卧室观赏。

脱俗、冰清玉洁，人们经常用此花来形容女子冰清玉洁的容颜。玉簪的来历有个很美的民间故事：

相传王母娘娘对女儿的管教很严，小女儿性格刚烈又喜欢自由，向往人世间无拘无束的生活。一次，她趁赴瑶池为母亲祝寿之机，想乘机下凡到人间走一遭。不想王母娘娘早就看透她的心事，施法让她不得脱身。她便将头上的白玉簪子拔下，抛向人间代游。一年后，在玉簪落下的地方就长出了象玉簪一样的花，散发出清淡幽雅的芳香，且四处繁衍开来。

人们喜欢玉簪美丽的容貌，宋代大书法家、诗人黄庭坚更是称她为"江南第一花"：

玉簪花

宋·黄庭坚

宴罢瑶池阿母家，嫩惊飞上紫云车。

玉簪落地无人拾，化作江南第一花。

玉簪花花形娟秀，雪白的花和碧绿的叶子交相辉映，为历代文人所钟爱，为此留下了不少鉴赏性的诗篇。唐代文学家罗隐把玉簪推到极高的地位，就是月亮光环似的金镯子也换不了织女头上的白玉簪：

玉簪

唐·罗隐

血魂冰姿俗不侵，阿谁移植小窗阴。

若非月姊黄金钏，难买天孙白玉簪。

北宋文学家王安石在自己的诗中给玉簪书写了新的传说：瑶池仙子不慎遗失了玉簪宝贝，掉落在人间化作如梦如幻的鲜花，浓郁的香味随着清风吹落飘洒到了自己家里：

玉簪

宋·王安石

瑶池仙子宴流霞，醉里遗簪幻作花。

万斛浓香山麝馥，随风吹落到君家。

元代虞集用"翠叶长莛出露丛，素华高洁倚微风。方田种得新秋玉，万斛浓香属老翁"的生动笔墨描绘出了玉簪花的瑰丽容颜。在秋天玉簪翠绿的叶子托起片片露珠，素雅而洁白的玉簪花高高举起花蕾，斜倚在花茎上，开放在微风里，开在文人的诗里：

体斋西轩观玉簪花偶作

明·李东阳

小园纡步玉堂阴，堂下花开白玉簪。

泡露余香犹带湿，出泥幽意敢辞深。

冰霜自与孤高色，风雨长怀采掇心。

醉后相思不相见，月庭如水正难寻。

戏咏玉簪花金线草二物

宋·舒岳祥

金线草头蜂展翅，玉簪花颔鹭生儿。

窗前野草皆天巧，也有闲人为赋诗。

玉簪花

宋·董嗣杲

石砌秋新展绿衣，绿衣凉矗嫩琼飞。

低抽叶面几丛矮，高丛花头二寸肥。

月下自矜明艳盛，坛边谁认堕翘非。

午风扫净青蝇止，还有清香眩落晖。

君子如兰

君子兰别名剑叶石蒜、大叶石蒜，是石蒜科君子兰属的观赏花卉。原产于南非南部，是多年生草本植物，花期长达30～50天，以冬春为主，元旦至春节前后也开花。

咏兰

张学良

芳名喻四海，落户到万家。

立叶含正气，花研不浮华。

常绿斗严寒，含笑度盛夏。

花中真君子，风姿寄高雅。

君子兰是万花丛中的一朵奇葩。株形端庄优美，叶片苍翠挺拔，花大色艳，果实红亮，叶花果并美，有一季观花、三季观果、四季观叶之称。君子兰的花期长，而且能够早春开花，是重要的节庆花卉。

君子兰被作为高尚、尊贵的象征而载入花卉史册。曾有这样的诗句赞美君子兰："叶宽常叶绿，脉络宜分明。金盘托红玉，银蕊发幽情。立似美人扇，散如凤开屏。端庄伴潇雅，报春斗寒冬。"

感遇十二首·其一

唐·张九龄

兰叶春葳蕤，桂华秋皎洁。

欣欣此生意，自尔为佳节。

谁知林栖者，闻风坐相悦。

草木有本心，何求美人折？

君子兰挺拔、苍翠，一年四季赋予生命真色，特别是隆冬之时，百花凋零，草木多处于休眠状态，唯独君子兰傲然怒放，花蕾站在一层层的兰叶间，像骄傲的公主亭亭玉立，又像是指挥千军万马的将帅霸气十足。

幽兰

陈毅

幽兰在山谷，本自无人识。

只为馨香重，求者遍山隅。

芳兰

唐·李世民

春晖开紫苑，淑景媚兰场。

映庭含浅色，凝露泣浮光。

日丽参差影，风传清垂香。

会须君子折，佩裹作芬芳。

君子兰在春节前绽放，高蕊如同蚂蚁的触角向外伸展，好像刚从睡眠中苏醒，伸了一个懒腰，高擎起的花箭，显示出她的超凡脱俗。君子兰不贪恋肥壤沃土，不需要宽阔的空间，不与百花争艳，如君子般的风度与品格，在严寒中孕育灿烂的笑容，得到了张学良将军的赞赏：

芳名誉四海，落户到万家。

叶立含正气，花研不浮花。

常绿斗严寒，含笑度盛夏。

花中真君子，风姿寄高雅。

蜡梅傲雪

蜡梅是蜡梅科蜡梅属的植物，性喜阳光，但亦略耐阴，较耐寒，耐旱，有"旱不死的蜡梅"之说。李时珍《本草纲目》载："蜡梅，释名黄梅花，此物非梅类，因其与梅同时，香又相近，色似蜜蜡，故得此名。"

蜡梅是我国特产的传统名贵观赏花木之一，有着悠久的栽培历史和丰富的蜡梅文化。常见的蜡梅品种有素心蜡梅、虎蹄梅、金钟梅等。蜡梅的花语是：坚强不屈，有傲骨，贞洁，有哀愁悲怀的慈爱心。蜡梅花先于叶开放，富有香气。

蜡梅十五绝和陈天予韵（其一）

宋·唐仲友

此花清绝似幽人，苦耐冰霜不爱春。

蜡蕊轻明香万斛，黄姑端的是前身。

蜡梅十五绝和陈天予韵（其二）

宋·唐仲友

点缀何曾待化人，密房琐琐暗藏春。

定应昔与江梅友，惹得清香尚满身。

蜡梅十五绝和陈天予韵（其三）

宋·唐仲友

袂剪黄罗亦可人，君诗觅小园春。

最怜文室铜瓶里，独对维摩似病身。

蜡梅十五绝和陈天予韵（其四）

宋·唐仲友

黄姑侍女两三人，散作名家不嫁春。

仙桂飘零篱菊尽，香容付与雪中身。

蜡梅十五绝和陈天予韵（其五）

宋·唐仲友

日暮天寒倚竹人，淡妆别有一般春。

紫囊深贮香无限，金缕初裁稳称身。

蜡梅十五绝和陈天予韵（其六）

宋·唐仲友

山麝时时暗袭人，蔷薇露湿满枝春。

若教粉蝶知音耗，应怨韶华枉误身。

蜡梅十五绝和陈天予韵（其七）

宋·唐仲友

的皪光明色照人，枝头已有十分春。

我惊唤作菩提树，为是如来幻化身。

蜡梅十五绝和陈天予韵（其八）

宋·唐仲友

不管江梅妒杀人，壶中日月已先春。

恰如姑射神仙子，野服高闲物外身。

蜡梅十五绝和陈天予韵（其九）

宋·唐仲友

长伴南枝带雪开，浑无蜂蝶去徘徊。

可能熟识金仙面，只有诗人日日来。

蜡梅十五绝和陈天予韵（其十）

宋·唐仲友

只恐幽花取次开，哦诗忍冻几徘徊。

莫猜野服风情浅，解把天香暗里来。

蜡梅十五绝和陈天予韵（其十一）

宋·唐仲友

甚欲陪君酒瓮开，寒侵病骨却徘徊。

不辞更琢金仙句，图得抛砖换玉来。

蜡梅十五绝和陈天予韵（其十二）

宋·唐仲友

为爱凌晨细细开，谁人伴我独徘徊。

朝阳满树无尘滓，寒雀惊窥欲下来。

蜡梅十五绝和陈天予韵（其十三）

宋·唐仲友

一点轻明照雪开，六花惊妒亦徘徊。

清香不在江梅后，底事全无驿使来。

蜡梅十五绝和陈天予韵（其十四）

宋·唐仲友

几岁岩扃独自开，何人立马为徘徊。

只因坡谷传佳句，惹得寻春使少来。

蜡梅十五绝和陈天予韵（其十五）

宋·唐仲友

积雪愁阴久不开，为怜花冷故徘徊。

凭君琢句留金蕊，待取霜风送月来。

蜡梅

宋·唐仲友

凌寒不独早梅芳，玉艳更为一样妆。

懒着霓裳贪野服，自然仙骨有天香。

轻明最是宜风日，冷淡从来傲雪霜。

欲识清奇无尽处，中间深佩紫罗囊。

蜡梅花开于春前，为百花之先，特别是虎蹄梅，农历十月即放花，故人称早梅；蜡梅先花后叶，花与叶不相见，蜡梅花开之时枝干枯瘦，故又名干枝梅；又因蜡梅花入冬初放，冬尽而结实，伴着冬天，故又名冬梅。唐代诗人李商隐称蜡梅为寒梅，有"知访寒梅过野塘"的诗句：

酬崔八早梅有赠兼示之作

唐·李商隐

知访寒梅过野塘，久留金勒为回肠。

谢郎衣袖初翻雪，荀令熏炉更换香。

何处拂胸资蝶粉，几时涂额藉蜂黄。

维摩一室虽多病，亦要天花作道场。

蜡梅与腊梅，可通用。古时十二月的一种祭祀叫"蜡"，故农历十二月就叫蜡月。而蜡梅开于蜡月，因此得名。"蜡"字系周代所用，秦代改用"腊"字，因而蜡月和蜡梅的"蜡"字，可和"腊"字通用。古人对蜡梅多加描述：

蜡梅

宋·杨万里

天向梅梢别出厅，国香未许世人知。

殷勤滴蜡缄封却，偷被霜风折一枝。

短韵奉乞腊梅

宋·黄庭坚

卧云庄上残花笑，香似早梅开不迟。

浅色春衫弄风日，遣来当为作新诗。

蜡梅开黄花，原名黄梅。蜡梅别名然黄梅、黄梅花，花色以蜡黄为多，且蜡梅的"蜡"质感很强。古人多对其大加赞赏，并称其"色相全似金容黄"：

黄梅花

宋·王安国

庾岭时开媚雪霜，梁园春色占中心。

莫教莺过毛无色，已觉蜂归蜡有香。

弄月似浮金属水，飘风如舞曲尘扬。

何人剩着栽培力，太液池边相菊裳。

次韵郑守蜡梅二首

宋·刘才邵

灵根何年离众香，色相全似金容黄。

晓姿荧荧炫寒日，夜气耿耿凌风霜。

天真何曾资外饰，坐笑涂额夸宫妆。

广平当时应未见，独为梅花回铁肠。

赖有花仙觅奇句，东坡着意怜孤芳。

诗中写就无遗巧，安用学花熬蜜房。

多情偏爱被花恼，闻香心醉难禁当。

况复低垂深有意，欲教醉赏倾瑶觞。

蜡梅花开之日多是瑞雪飞扬，欲赏蜡梅，便待雪后，蜡梅踏雪而至，故又名雪梅。傲雪盛开的蜡梅，绽蕊吐艳，清雅沁脾的蜡梅花香芬芳四溢，令人陶醉于其中：

蜡梅

宋·王十朋

非蜡复非梅，谁将蜡染腮。

游蜂见还讶，疑自蜜中来。

追鲁直蜡梅二首

宋·王之道

一

一种幽素姿，凌寒为谁展。

似嫌冰雪清，故作黄金浅。

二

岁穷压霜雪，春至喜风露。

一枝蜡花梅，清香美无度。

参考文献

本书编委会，2015. 明诗观止〔M〕上海：学林出版社.

陈瑞，盛立辉, 2018. 古典诗词鉴赏辞典〔M〕上海：商务印书馆国际有限公司.

程俊英，2012. 诗经译注〔M〕上海：上海古籍出版社.

董楚平，2012. 楚辞译注〔M〕上海：上海古籍出版社.

顾词立，1987. 元诗选 二集〔M〕北京：中华书局.

胡兴武，2016. 陈毅诗词鉴赏〔M〕武汉：武汉大学出版社.

蒋星煜，2014. 元曲鉴赏辞典〔M〕上海：上海辞书出版社.

刘成有，张加才，2010. 止于至善《大学·中庸》〔M〕北京：中国民主法制出版社.

刘晓亮，2018. 至元集林：八代诗汇评〔M〕北京：北京联合出版有限公司.

柳永，2017. 柳永词集〔M〕上海：上海古籍出版社.

钱志熙，刘青海，2016. 李白诗选〔M〕上海：商务印书馆.

尚永亮，2017. 柳宗元诗文选评〔M〕上海：上海古籍出版社.

唐圭璋，2018. 宋词三百首笺注〔M〕北京：人民文学出版社.

田秉锷，2012. 毛泽东诗词鉴赏〔M〕上海：上海三联书店.

王汝弼，2012. 白居易选集〔M〕上海：上海古籍出版社.

夏承焘，2013. 宋词鉴赏辞典〔M〕上海：上海辞书出版社.

夏承焘，张璋，2018. 金元明清词选〔M〕北京：人民文学出版社.

姚鼐，2016. 古文辞类纂〔M〕上海：上海古籍出版社.

余冠英，2012. 乐府诗选〔M〕北京：中华书局.

俞平伯，2013. 唐诗鉴赏辞典〔M〕上海：上海辞书出版社.

赵义山，2014. 明清散曲鉴赏辞典〔M〕上海：商务印书馆国际有限公司.